大 通 牦 牛

梁春年　阎　萍◎主编

中国农业出版社

北　京

图书在版编目（CIP）数据

大通牦牛 / 梁春年，阎萍主编 . —北京：中国农业出版社，2022.8

ISBN 978-7-109-29854-5

Ⅰ.①大… Ⅱ.①梁… ②阎… Ⅲ.①牦牛－介绍－大通回族土族自治县 Ⅳ.①S823.8

中国版本图书馆 CIP 数据核字（2022）第 149519 号

中国农业出版社出版

地址：北京市朝阳区麦子店街 18 号楼
邮编：100125
责任编辑：周晓艳　文字编辑：耿韶磊
版式设计：杨　婧　责任校对：刘丽香
印刷：北京中兴印刷有限公司
版次：2022 年 8 月第 1 版
印次：2022 年 8 月北京第 1 次印刷
发行：新华书店北京发行所
开本：720mm×960mm　1/16
印张：10
字数：185 千字
定价：68.00 元

编　委　会

主　编：梁春年（中国农业科学院兰州畜牧与兽药研究所）

阎　萍（中国农业科学院兰州畜牧与兽药研究所）

副主编：张少华（中国农业科学院兰州兽医研究所）

殷满才（青海省牦牛繁育推广服务中心）

扎西塔（祁连县动物疫病预防控制中心）

丁考仁青（甘南藏族自治州畜牧工作站）

杨树猛（甘南藏族自治州畜牧工作站）

何振虎（临夏县畜牧发展中心）

参　编：黄　纯（中国农业科学院兰州畜牧与兽药研究所）

任稳稳（中国农业科学院兰州畜牧与兽药研究所）

戴荣凤（中国农业科学院兰州畜牧与兽药研究所）

李歆怡（中国农业科学院兰州畜牧与兽药研究所）

吴晓云（中国农业科学院兰州畜牧与兽药研究所）

包鹏甲（中国农业科学院兰州畜牧与兽药研究所）

郭　宪（中国农业科学院兰州畜牧与兽药研究所）

马晓明（中国农业科学院兰州畜牧与兽药研究所）

褚　敏（中国农业科学院兰州畜牧与兽药研究所）

裴　杰（中国农业科学院兰州畜牧与兽药研究所）

熊　琳（中国农业科学院兰州畜牧与兽药研究所）

喇永富（中国农业科学院兰州畜牧与兽药研究所）

曾玉峰（中国农业科学院兰州畜牧与兽药研究所）

陈化琦（中国农业科学院兰州畜牧与兽药研究所）

张国模（青海省牦牛繁育推广服务中心）

李青云（青海省牦牛繁育推广服务中心）

保广才（青海省牦牛繁育推广服务中心）

武甫德（青海省牦牛繁育推广服务中心）

王　伟（青海省牦牛繁育推广服务中心）

李继叶（青海省牦牛繁育推广服务中心）

赵寿保（青海省牦牛繁育推广服务中心）

张润生（青海省牦牛繁育推广服务中心）

李大伟（武威市农产品质量安全监督管理站）

石红梅（甘南藏族自治州畜牧工作站）

马忠涛（甘南藏族自治州畜牧工作站）

牟永娟（甘南藏族自治州畜牧工作站）

扎西卓玛（青海省海西州农牧业技术推广服务中心）

姬万虎（甘南州合作市畜牧工作站）

党　智（甘南州合作市畜牧工作站）

杨银芳（甘南州合作市畜牧工作站）

石生光（甘南州合作市畜牧工作站）

杨　振（甘南州合作市畜牧工作站）

赵　雪（合作市农畜产品质量安全检测检验中心）

张艳丽（合作市农畜产品质量安全检测检验中心）

杨小丽（甘南州合作市农牧业集体经济经营管理站）

刘振恒（甘南藏族自治州玛曲县草原站）

前言

　　牦牛（*Bos grunniens*）是青藏高原及毗邻地区特有的遗传资源，其生活地区具有海拔高、气温低、昼夜温差大、牧草生长期短、氧分压低的特点，植被以高山及亚高山草场为主体。牦牛具有极强的生活能力，耐粗耐寒，有一套独特的体质体态结构和生理机制，可在极其粗放的饲养条件下生存并繁衍后代。在严酷生态条件下生存的牦牛，经过长期的自然选择和人工选择形成有别于其他牛种的体型结构、外貌特征、生理机能和生产性能，是唯一能充分利用青藏高原牧草资源进行动物性生产的牛种。中国是世界上繁育牦牛历史最悠久、拥有牦牛数量最多的国家。由于牦牛产区草原自然气候条件差别大，牦牛的体型外貌有一定差异，形成了我国6个产区18个优良的牦牛地方品种。

　　大通牦牛是以野牦牛为父本，应用低代牛横交方法和控制近交方式，有计划地采用建立横交固定育种核心群、闭锁繁育、选育提高、推广验证等技术，获得的生产性能高，特别是产肉性能、繁殖性能、抗逆性能远高于家牦牛，体型外貌、毛色高度一致、遗传性能稳定的含野牦牛基因的牦牛新品种，因其育成于青海省大通种牛场而得名。大通牦牛新品种培育成功，填补了我国乃至世界上牦牛没有人工培育品种的空白，更为重要

1

的是它以我国独特遗传资源为基础，依靠独创的技术培育而成的具有完全自主知识产权的牦牛新品种，为牦牛的育种提供了成功经验，在学术上和生产实践中都具有十分重要的意义。

该书涵盖大通牦牛品种起源与形成过程、品种特征和生产性能、品种保护、品种选育、品种繁殖、常用饲料及饲料配方、饲养管理、疾病防控、牛场建设与环境控制、开发利用品牌建设等部分。内容丰富、通俗易懂，便于普及与推广，可给广大农牧民掌握大通牦牛生产、提高大通牦牛养殖技术水平提供参考和借鉴。

本书在编写过程中，得到了国家重点研发项目"牦牛产业关键技术研究与应用示范"、国家肉牛牦牛产业技术体系，以及甘肃省科技项目"牦牛分子育种技术创新研究""中国农业科学院科技创新工程"等的资助，在此表示衷心感谢。

由于笔者经验不足，资料收集不全，整理撰写过程中难免有所疏漏及不妥之处，敬请读者批评指正！

编　者

2021 年 10 月

第一章
大通牦牛品种起源与形成过程

牦牛是青藏高原及其毗邻地区特有的遗传资源，是唯一能适应青藏高原特殊的生态环境，可充分利用高寒草原牧草资源进行动物性生产的牛种，与藏族人民的生产、生活、文化、宗教等有着密切的关系，数十亿亩的高山草场牧草资源只能依靠牦牛、藏羊转化为畜产品，因此其在分布地区具有不可替代的生态-经济学地位。"大通牦牛"新品种是中国农业科学院兰州畜牧与兽药研究所的科研人员以农业部"六五""七五""八五""九五"重点项目为基础，经过20多年不懈的育种工作，人工培育的第 1 个肉用型牦牛新品种，因其育成于青海省大通种牛场而得名。

第一节　大通牦牛产区分布及自然生态条件

一、产区分布

大通牦牛主产于青海省大通种牛场。自 2005 年以来，每年可向青海省内外提供大通牦牛种公牛 2 000 余头，可生产 5 万支优良牦牛细管冻精。目前，大通牦牛种牛已推广到青海省 39 个县，累计 3 万余头，并辐射到新疆、西藏、甘肃、云南、四川等全国各牦牛产区。

二、产区自然生态条件

大通牦牛产区位于大通县西北部的青海省大通种牛场，距青海省省会西宁市 92km，土地总面积达 560km²，可利用草地面积 474km²，占土地总面积的84.64%。地处祁连山支脉达坂山南麓的宝库峡中，地理位置为东经 100.52°

$30'—104.15°28'$，北纬 $32.11°20'—32.27°30'$。场区海拔 $2\,900\sim4\,600$m，以狭长的山谷地带为主，东西及南北长度各约为 40km 和 15km。由于较复杂的山地地形，场区内雨量充沛，年均降水量为 $463.2\sim636.1$mm，有利于不同季节草地放牧的合理安排。高山地区夏季凉爽，可作为夏秋草场；河谷阶地及中山地带冬季温暖，是理想的冬春草场。不仅如此，场区内山间谷地重叠、气候湿润，是一个曲径通幽、景色优美的天然牧场。

1. 土壤类型

大通种牛场的场区土壤分为高山草甸土、山地草甸黑土和高山寒漠土 3 种类型。高山草甸土包含 3 个土壤类型，分别为生草山地草甸土、似黑土山地草甸土和泥炭沼泽土，主要分布在海拔 $2\,900\sim3\,700$m 的山谷斜坡及分水岭等区域，这种土质类型为大通种牛场主要土质类型，此区域牧草生长茂盛，适合放牧牲畜；山地草甸黑土包括轻壤质山地草甸黑土、中壤质山地草甸黑土和重壤质山地草甸黑土 3 种，主要分布在海拔 $3\,000$m 以下的山麓及河滩等区域，这些区域气候较为温暖，土壤自然肥力较高；高山寒漠土主要位于海拔 $3\,700$m 以上，其实为一种岩石风化物，多分布在坡度大的岩石山峰区域。

2. 气候条件

大通种牛场地处高原，属偏南季风影响的边缘地带，气候类型为温凉、半湿润高原大陆性气候，夏季温暖湿润，冬季寒冷干燥。年平均气温为 $0.5℃$，全年最低气温可达 $-13.4℃$，最高气温仅为 $11.1℃$，气温相较于我国东部同纬度地区的要低。同时，因冷季时间明显长于暖季时间，境内全年无绝对无霜期，日夜温差较大，全年日温差平均为 $14.4℃$。这种特殊的气候条件，不仅有利于绿色植物进行光合作用，而且可以在夜间减弱植物呼吸，减少有机物质消耗，利于物质积累，提高草地产草量。

全年日照时数较长，平均在 $2\,100\sim2\,700$h，太阳总辐射量全年平均为 141kcal*/（cm^2・年）。丰富的光能使牧草在短波光的蓝紫光和红橙光中，提高形成蛋白质、脂肪和糖类的能力，营养丰富，弥补豆科牧草不充裕的缺点。

降水充裕、雨热同期和风大也是大通种牛场明显的气候特点。场区由于受干冷西风环流与印度洋西南季风的周期性交替控制，降水季节分配不均，且冷、暖季变化显著。降水多集中在 6—9 月，暖季降水量占全年降水量的

---

* cal 为非法定计量单位。1cal＝4.184J。

73.9%，而冷季降水量少且强度小。正是这种水热同季的气候条件，有利于促进各种牧草生长发育，也是高原农牧业生产所特有的有利自然条件。但是场区大风日数一般在15d以上，冬春季节尤为明显，风力4~6级，最高可达8级。风大加之冬春降水少，促使土壤风蚀、草地沙化加速。这也容易给畜牧业生产带来灾害，应注意防灾救灾。

3. 草场资源

大通种牛场草地属于高山和亚高山的灌木草地草原类型，主要为高寒草甸和山地草甸。在宝库河两岸滩地及河谷区域也分布着面积相对较小的低地草甸类草地。整个场区内牧草种类少但生长迅速且植株低矮，属低草区。明显的季节性、草地质量较好也成了场区牧草的特点。

高寒草甸类草场在场区内面积最大且分布最广。此类型草地面积为463.8km²，占可利用草地面积的97.85%。高寒草甸主要生长在海拔3 500~4 000m，此区域土壤类型主要为高山草甸土、高山灌丛草甸土和沼泽化草甸土，厚度一般为30~50cm，土层较薄且土壤风化度较低。土壤表层的草皮层一般为8~15cm，盘根错结且有弹性，使其具有较强的耐牧性。同时，此类型草地分布区域具备雨水充沛、日照充足、无绝对无霜期等特点。草群平均高度达15~30cm，盖度为70%~92%，平均鲜草产量3 918kg/hm²，包含6.05%的禾本科、36.49%的莎草科、0.83%的豆科及41.49%的可食杂草类、14.66%的不可食杂草类和0.48%的毒草。

山地草甸类草地的分布范围相对来说比较小，面积为9.76km²，占可利用草地面积的2.06%。山地草甸土、山地灌丛草甸土和灰褐土是山地草甸类草地分布区域的主要土壤类型，土层15~25cm处草根密集，多为屑粒状或团粒结构，在表层，此种土壤富含有机质。山地草甸类草地植物种类组成丰富，其中禾本科、莎草科等饲用植物占比较大，草群平均高度达15~40cm，盖度可达70%~95%。平均鲜草产量4 317kg/hm²，包含41.57%的禾本科、5.59%的莎草科、27.32%的可食杂草类和22.57%的不可食杂草类及2.95%的毒草。

低地草甸类草地主要分布在宝库河河滩、河谷及坡麓汇水处，面积为0.44km²，主要分布形状为条带状和片状。此区域土壤类型为草甸土和潜育草甸土，植物种类主要有中生及湿中生多年生草本植物。此草地类型优势种为鹅绒委陵菜，且只包含鹅绒委陵菜、杂草类一个草地型，其草群平均高度为2~9cm，盖度为84%~93%。

大通种牛场以季节转场放牧作为天然草地资源的基本利用方式，一般将季节草地分冬春、夏秋两季放牧利用。冬春草场的草地可利用面积为 206.61km²，占全场草地可利用面积的 43.59%。冬春草场放牧利用时间为 245d，可载畜 46 023.7个羊单位。夏秋草场的草地可利用面积为 267.39km²，占全场草地可利用面积的 56.41%。夏秋草地放牧时间为 120d，可载畜62 512.6个羊单位。

第二节　大通牦牛品种培育的历史过程

一、大通牦牛培育背景

牦牛作为牛属中的一个独特牛种，终年放牧，有极强的适应性。它能为人们提供奶、肉、毛、绒、皮革、役力、燃料等生产、生活必需品，是高寒地区畜牧业经济中宝贵的遗传资源，具有不可替代的生态、社会及经济地位。由于自然、经济、社会及科学文化等因素的限制，与其他肉牛培育品种相比，牦牛自然放牧，人为干预相对较少，本品种选育缺乏力度，培育程度低，生产性能低，生产方式传统，经营方式落后，饲养管理粗放，经过长期的累积作用，导致了明显的退化，各项生产性能都比 20 世纪 50 年代下降了 15%～24%，抗逆性及生活力降低，亟待培育新品种以提高个体生产水平。

长久以来，国内外对牦牛品种改良收效甚微。国内自 20 世纪 50 年代起曾引入多个优良普通牛品种（荷斯坦牛、安格斯牛、海福特牛、西门塔尔牛、利木赞牛等）的冷冻精液，与高原牦牛进行杂交试验并获得成功，解决了直接引入的良种公牛难以适应高原环境这一难题，使得牦牛杂交改良技术取得了历史性突破，同时也加速了牦牛杂交改良育种进程。利用荷斯坦牛和娟姗牛改良牦牛产奶性能也取得了显著效果。所以充分利用牦牛种间杂交优势，大幅度提高乳肉生产性能，进而提高其产品商品率的方法是可行的，其经济效益也十分显著。但由于牦牛与普通牛的杂交后代雄性不育，种间杂交改良牦牛所获得的优良性状和生产性能不能通过横交固定自群繁育的方式稳定遗传，只能通过经济杂交用于商品生产，限制了进一步利用。

中国农业科学院兰州畜牧与兽药研究所的科研工作者经过科学考察发现：野牦牛是我国现存的珍贵野生牛种之一，也是青藏高原特有遗传资源，它分布于海拔 4 500～6 000m 的广阔高山干旱草原、高山草甸草原及高山荒漠草原。野牦牛从体型外貌上看为自然选择高原肉用牛体型，公牛体态剽悍，体躯高大硕壮，体格发育良好，体高达 1.8～2m，体长 2.5m，体重 800～1 200kg（成年家牦牛公牛体重为 300～400kg）。野牦牛长期生存于比家牦牛更严酷的环境条件中，逆境选择的选择强度大于家牦牛，因此对青藏高原严酷的自然生境具有极强的适应性，其遗传结构也在适应这种环境变化过程中得以充分表现，使逆境选择具备育种学意义。

为遏制牦牛的退化和解决草畜矛盾日益突出的问题，牦牛业已不能走扩张数量求发展的老路，而是要提高个体生产性能和品种良种化程度，向质量效益型转变来满足社会需求。在这一背景条件下，中国农业科学院兰州畜牧与兽药研究所三代科研人员会同青海省大通种牛场科研、生产人员，密切结合青藏高原高寒牧区牦牛生存的自然与社会经济情况，以及家牦牛生产性能退化严重等阻碍畜牧业发展的迫切问题，开展联合攻关。自 1982 年起，在农业部"六五"重点项目"牦牛选育和改良利用研究"、"七五"重点项目"肉乳兼用牦牛新品种培育研究"、"八五"重点项目"牦牛新品种培育及其产肉生产系统综合配套技术研究"、中国农业科学院重点项目"牦牛新品种培育"、中德农业科技合作项目"牦牛遗传资源利用"（1995—2002 年度计划）、农业部"丰收计划"、"牦牛复壮新技术的推广利用"、国家科技基础性工作专项"中国野牦牛种群动态调查及种质资源库建设"等 8 个项目资助下，经过 25 年艰苦不懈的努力，解决了在低投入的青藏高原畜牧业粗放生产管理系统中有效提高牦牛生产效能和保持牦牛特有的遗传性能这一难题。

二、大通牦牛品种培育历程

借助农业部及科技部等部门下达的多个项目的资助，中国农业科学院兰州畜牧与兽药研究所的科研工作者在海拔 4 000m 的高山寒漠地区，将凶悍的野牦牛遗传资源用于牦牛育种，将野牦牛作为父本，家牦牛作为母本，利用野外人工授精等生物繁殖新技术，培育含 1/2 野牦牛基因的 F_1 代，并且通过系统选择，提高种公牛选育强度和种母牛利用强度，以此扩大选择基础，加速核心群的组建。横交一代牛经严格选择与淘汰，保留理想型个体组成育种核心群，横交固定；通过闭锁繁育产生的理想型二世代牦牛进行纯繁与扩群，同时对二世代牦牛的生长发育速度、产肉性能、泌乳特性、产毛（绒）性能及相关遗传特性进行测定研究。在育种过程中，还从细胞和分子水平，探讨野牦牛育种价值，开展生产性状在育种过程中的表型和遗传变化的研究，以及群体世代改良进展、染色体组型、血液蛋白多态性和 DNA 微卫星变异等相关领域的研究，为新品种牦牛育种素材的选择和加快育种进程奠定了基础。通过适度近交，定向培育，以产肉性能为主选目标性状，使大通牦牛品群取得较快的育种进展。同时，显著改善大通牦牛对恶劣环境条件的适应性。至 2000 年末，育种场基础生产群母牛达 1.2 万头。近年来，课题组进一步巩固新品种的遗传稳定性，继续开展三、四世代选育提高工作。在新品种培育中不断规范技术规程和制定标准，建立了由种公牛站、核心育种群、繁育群、推广扩大区四级繁育推广体系。

大通牦牛育种拟订了利用野牦牛遗传资源作为育种父本，捕获、驯育野牦牛后，采集野牦牛精液，制作冷冻精液，授配家牦牛，以生产 F₁ 代杂种牛。根据低代牛横交理论，培育了含野牦牛基因的 F₁ 代横交群体，培育方案包括闭锁繁育、适度近交、强度选择与淘汰，使得目标明确、技术配套的牦牛新品种培育工作有序开展。

1. "六五"主要育种工作

"六五"期间，课题组承担了农业部重点研究专题"牦牛选育和改良利用研究"项目。1982 年，从青海玉树州曲麻莱县购买了 1 头 2.5 岁的含昆仑山型野牦牛基因的公牦牛（野牦牛公牛×家牦牛母牛），通过人工舍饲、拴系饲养、围栏放牧、人畜亲和等措施进行驯化调教，于 1983 年成功采精并用于人工授精。同年，用该头牦牛冷冻精液授配家牦牛母牛 61 头，49 头家牦牛母牛成功受胎，受胎率达 80.3%，翌年成活犊牦牛 46 头，犊牦牛成活率达 93.5%。1984 年，授配家牦牛母牛 183 头，一次不返情率为 77.9%，其中 147 头授配家牦牛母牛成功受胎，受胎率 80.3%，成活犊牦牛 125 头，犊牦牛成活率达 85.43%。获得的后代具有突出的高原缺氧适应能力。同时，也拥有抗寒耐牧、采食能力强、生长发育快的特点。通过测定，初生重比当地家牦牛犊牦牛的提高 18.6%，而 6 月龄体重更是比当地家牦牛提高了 20.9%。1983 年，课题组从甘肃祁连山地区得到 2 头祁连山型纯种野牦牛，采用同样方法驯化并成功采精。750 头家牦牛母牛通过使用野牦牛冷冻精液进行人工授精。据统计，644 头母牛成功受胎，受胎率达 85.87%，与上述的昆仑山型野牦牛精液人工授精效果相当，其生产的杂种一代成活率达 99.7%。将野牦牛驯化成功并应用于牦牛育种和选育，在改良牦牛生产性能方面取得了明显效果，对开辟野生动物资源利用，促进高寒牧区生态效益和经济效益有着重要意义，为牦牛新品种的培育探索出了一条新路。1984年起，大通种牛场启动了采用野牦牛冷冻精液有计划、有组织地开展大面积授配家牦牛母牛的工作，每年固定9个母牛群，约1 080头家牦牛母牛参与配种。

2. "七五"主要育种工作

由农业部"牦牛选育和改良利用研究"项目支持，青海省大通牛场开展了野牦牛与家牦牛以及不同地方类型家牦牛之间的杂交对比试验。将四川九龙牦牛引入青海大通种牛场，与当地家牦牛进行杂交，产生的杂种一代初生重、半岁重分别为12.7kg、51kg，较当地家牦牛并无明显提高，并且适应当地环境的能力较差。将野牦牛与当地家牦牛进行杂交，产生的杂种一代初生重、6月龄和1.5岁体重以及产奶能力、产绒毛性能等经济性状提高幅度介于11.2%～27.4%。为了进一步研究家牦牛和野牦牛的种质特性，从遗传本质上揭示野牦牛与家牦牛的关系，并为"导入野牦牛基因提高家牦牛生产性能"的选育方案提供理论依据，课题组对野牦牛、家牦牛体细胞染色体、血清同工酶、精液理化特性及精子电镜超微结构进行了深入探究。结果表明，野牦牛与家牦牛体细胞染色体数目均为$2n=60$，29对常染色体均为端着丝粒，X、Y性染色体均为亚中着丝粒，各对染色体臂长无显著差异，分类学关系极近。血清同工酶研究表明，野牦牛血清中的苹果酸脱氢酶、醇脱氢酶、谷氨酸脱氢酶的活性明显高于家牦牛。在相同保存条件下，当家牦牛的上述酶活性几近消失时，野牦牛相应的同工酶仍然显见，表现了较强的稳定性。课题组对野牦牛的精液品质及其理化特性做了大量研究表明，野牦牛精子抗力系数高达18万，是家牦牛的10倍，是普通牛的15倍。野牦牛颗粒冷冻精液解冻后顶体完整率为88%，高于家牦牛和普通牛40个百分点，反映出野牦牛强大适应性的内在的生理、生化基础。技术人员以冷冻精液解冻后平均活率、复苏率、顶体完整率和配种试验为主要判定标准，筛选了2种野牦牛冷冻精液稀释专用液。对野牦牛、家牦牛乳酸脱氢酶（LDH）研究结果表明，2个牛种LDH同工酶对变性因子都有较强的抗性，野牦牛LDH活性显著高于家牦牛。对野牦牛、家牦牛精子形态进行电镜观察发现，野牦牛的精子头比黄牛和水牛短1.18μm，主段长4.33μm，更便于运动和储存能量。

1987年，中国农业科学院兰州畜牧与兽药研究所和青海省大通种牛场联合挂牌，建立了野牦牛公牛站，公牛站存栏3头野牦牛公牛和6头含1/2野牦牛基因的野血牦牛。至此，由种公牛站、核心育种群、繁育群、推广扩大区构成的四级繁育推广体系形成，并逐步将含野牦牛基因核心群扩至 1 700 头。

3."八五"主要育种工作

在"七五"工作基础上，形成了农业部重点畜牧专题培育牦牛新品种的共识，获得农业部"八五"专项"肉乳兼用牦牛新品种（群）培育研究"的支持，增加了 2 头野牦牛公牛（昆仑山地区捕获）和 9 头 F_1 代公牛（前者后代），并新建成 10 间种公牛舍，年生产野牦牛颗粒冷冻精液稳定在 5 万粒。通过成立牦牛育种委员会，制定翔实的育种措施，使育种方向和任务得以明确。通过选育，新建立 2 个育种核心群，以此开展低代横交固定，闭锁繁育，以充分利用野牦牛的宝贵基因，提高野牦牛后代产肉性能等主选目标性状。不仅对横交一代牦牛进行严格的选择与淘汰，还对其产生的理想型二世代牦牛的生产性能，包括生长发育速度、产肉性能、泌乳特性、产毛（绒）性能和遗传进展及相关特性进行了详尽的跟踪测定与研究。至"八五"末，已获得理想型新品种牦牛 500 多头，培育特级、一级公牛 10 头。在此阶段，通过研究发现，牧民传统上与犊牦牛争食母牦牛乳的现象对生产性能的提高产生了严重的制约。为此，逐步确立实施犊牦牛全哺乳方案和犊牦牛肉生产模式及相关配套技术。将产肉性能作为主要指标进行选择，每年淘汰屠宰犊牦牛 3 000～4 200 头。新品种培育在此阶段也得到了快速发展，牛场的经济效益也得到显著提高。

4."九五"主要育种工作

农业部"九五"畜牧重点专题在"九五"期间持续支持牦牛新品种培育工作，立项"牦牛新品种（群）培育及其产肉生产系统综合配套技术的研究"。同样，"九五"育种工作在"八五"工作的基础上开展，选育二世代、三世代大通牦牛新品种。在此期间，持续开展了新品种种质特性的研究、生长发育规律及体重增长模型研究、13 种血液生化指标变化规律研究、4 种血清激素含量的动态比较研究及微卫星变异的分析研究。

通过 3 个数学模型组合描述了 3 个不同生长时期牦牛体重（Y）随月龄（X）变化的生长发育规律，分别为出生至 13 月龄的生长曲线：$Y_1=8.012+13.543X-0.629X^2$；13 月龄至 25 月龄的生长曲线：$Y_2=-359.687+49.977X-1.249X^2$；25 月龄至 37 月龄的生长曲线：$Y_3=-833.339+63.772X-1.019X^2$。结果表明，从出生至 37 月龄，牦牛体重增长共有 3 个峰值。拟合曲线的相关指数分别为 0.987、0.728 和 0.840。经检验，3 个相关系数均达显著或极显著水平，表明拟合度较好，该数学模型能够真实地反映大通生长牦牛体重增长的一般规律。通过对 13 种血液生化指标变化规律进行研究，发现草地牧草营养物质的变化为影响上述指标的主要因素，低水平且不稳定的平衡状态是一年中牦牛血液生化成分的常态，这也影响了牦牛的生产性能。1—5 月，牦牛采食饲草处于绝对不足期，因此通过降低细胞代谢水平以保证体内积蓄营养物质维持生存。7 月，血清总蛋白、尿素氮和甘油三酯达到全年峰值，使得这一时期牦牛体内细胞蛋白质、脂类代谢十分旺盛，因此牦牛暖季生长"抓膘"较其他牛种快速且高效。通过对牦牛血清 4 种激素（GH、INS、T_4 和 T_3）含量的动态比较研究发现，这些激素在性别间没有明显差异，但在 3 个年龄段间和月份、季节间的变化十分明显。这不仅与牦牛独特的适应高原特殊环境的能力有关，同时也与营养状况有着重要关系。

5. "十五"主要育种工作

进入"十五"，新品种群体规模已近 2 200 头，母牛群体数量已达 1.2 万头。培育的新品种牦牛以其稳定的遗传特性、适应性和抗逆性、较高的生产性能得到广泛认可，成为青海省畜牧业腾飞的新亮点，得到青海省畜牧厅等行政管理部门的有力支持。大通种牛场以培育牦牛新品种作为重点工作加以全面推进，边育种边推广边示范，同时抓好牦牛选育工作。在 1994 年、1997 年召开第一届、第二届国际牦牛学术研讨会期间，与会的世界粮食及农业组织官员及国内外牦牛专家到大通种牛场进行观摩。随后，西藏当雄县种畜场从大通种牛场购买野牦牛和家牦牛的杂种牛 50 头，建立了当雄牦牛公牛站；甘肃、新疆、四川、云南相继从大通种牛场购买野牦牛冷冻精液、含 1/2 野牦牛基因种牛改良当地家牦牛取得明显的改良效果；农业部把利用野牦牛改良家牦牛的"牦牛品种改良技术"也列入国家"十五"重点推广的 50 项技术之中，有力地推动了全国的牦牛改良工作。"十五"期间，在按计划进行繁育、选择的同时，为规范牦牛育种工作，青海大通种牛场制订了"牦牛育种规划与实施细则"。2001 年经农业部批准，拨款修建了现代化的野牦牛公牛站，颁发了种畜生产许可证。青海大通种牛场成为全国唯一的牦牛种畜场，为我国牦牛产区提供良种公牛和野牦牛冷冻精液。

截至 2003 年年底，由中国农业科学院兰州畜牧与兽药研究所和青海省大通种牛场共同培育的牦牛新品种"大通牦牛"，按国家畜禽遗传资源管理委员会办公室 2003 年 10 月颁布的《畜禽品种（配套系）审定标准（试行）》和《牛品种（配套系）审定标准（试行）》衡量："大通牦牛"血统来源基本相同；形态、生态、生理特征基本一致；生产性能、遗传稳定并有显著特色；数量达到和超过了规定的种群规模；健康状况及所生产冷冻精液、种牛经上级指定部门检验符合有关规定，并颁发了生产经营许可证。因此，达到了国家级新品种申请审定的基本要求。经国家畜禽品种审定委员会批准，于 2004 年 8 月 22—24 日在青海省西宁市召开了"大通牦牛"国家级新品种审定会，国家牛品种审定委员会全体委员出席会议并参加了审定，经过现场测试、新品种大群观察、查阅技术文件及育种档案，并经会议评审，全体委员一致通过了新品种审定意见，后于 2004 年 12 月通过了国家畜禽品种审定委员会的最终审定，2005 年 3 月 8 日农业部发布公告（第 470 号）批准了"大通牦牛"为新品种，并颁发了新品种证书（图 1-1）。

图 1-1 大通牦牛新品种证书

三、大通牦牛种牛群及生产群的建立

1. 大通牦牛育种的父本母本来源

大通牦牛的育种父本是野牦牛（图 1-2）。野牦牛长年生活于海拔 4 500～6 000m 的高山寒漠地带，由于严酷的自然选择和特殊的闭锁繁育，野牦牛身高、体重、生长速度、抗逆性、生活力等性状的平均遗传水平远高于家牦牛，成年野牦牛公牛体重 800～1 200kg，3 月龄体重 90kg，与家牦牛相比具有极显著的选择差。实践证明，野牦牛和家牦牛杂交后代具有很强的优势表现。

1982 年，课题组从青海玉树州曲麻莱县购买了一头 2.5 岁的含 1/2 昆仑山型野牦牛基因的公牦牛。1983 年，课题组先后从甘肃得到 2 头祁连山型纯种野牦牛，后又陆续购回 6 头野牦牛作为育种父本，经驯化调教，于 1983 年采精、制作冷冻精液获得成功。1987 年，中国农业科学院兰州畜牧与兽药研究所和青海省大通种牛场联合挂牌建立了野牦牛公牛站。

大通牦牛的育种母本是从大通种牛场适龄母牛群中，挑选体壮、口轻、毛色为黑色的母牦牛组成基础母牛群。

图 1-2　大通牦牛的父本野牦牛

2. 育种技术路线

在育种计划的指导下，以大通种牛场为核心建立了牦牛繁育推广体系。该体系包括种公牛站、核心育种群、繁育群、推广扩大区 4 个部分，呈金字塔结构，是一个开放式的牦牛繁育推广体系。所有的研究及集约测定集中在种公牛站和核心育种群。

"大通牦牛"育种技术路线：

零世代：野牦牛（冷冻精液）×家牦牛（母）

⬇（确定熟练人工授精技术人员，选定配种点）

一世代：野牦牛、家牦牛杂种 F_1（公）×野牦牛、家牦牛杂种 F_1（母）

⬇（组建核心育种群，开展闭锁繁育）

二世代：野牦牛、家牦牛杂种 F_2（横交固定）

⬇（犊牛采用全哺乳法，加强培育、选择）

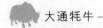

三世代：野牦牛、家牦牛杂种 F_3（纯繁）

　　　　　　　　　（选育提高）

四世代："大通牦牛"纯繁提高

3. 育种核心种牛群的建立

大通牦牛育种核心种牛群的建立基于低代牛（F_1）横交理论。低代牛横交理论是利用某些重要经济性状表现很好的 F_1 代互交，结合实际育种要求，最终选育形成新品种。新品种大通牦牛的培育，将野牦牛（公）×家牦牛（母）F_1 代个体杂交优势概念剖解为个体性状的杂交优势概念，而这种将杂种公畜纯合性状的意义从品种延伸到性状，就是 F_1 代公牛作为种用而进行横交的基本原理。

经过对野牦牛和家牦牛的遗传、生理生化、数量质量性状遗传表现以及各自的繁育方式等方面进行全面研究后，F_1 代横交理论被确定用来开展牦牛育种工作。适龄、健康的母牦牛被选择作为母本，并进行网围栏隔离，划定放牧范围，以此来防止其他公牦牛偷配。利用人工授精技术，用野牦牛公牛冷冻精液授配生产含 1/2 野牦牛基因的牦牛，F_1 代核心育种群由特一级公牛和二级以上的母牛组成，进行横交固定。为了使横交牦牛在体型外貌方面快速达到一致，适度利用了近交。同时，为增加遗传变异和防止过度近交，有计划地轮换使用野牦牛公牛，即在使用祁连山型纯种野牦牛公牛冷冻精液 3 年后，使用昆仑山型野牦牛公牛冷冻精液授配。2004 年，在育种场已培育出体型外貌基本一致、生产性能高、品种特性能稳定遗传的理想型三世代、四世代新品种牦牛 2 200 头，特一级公牛 150 头，建立了 22 个育种核心群以及公牛档案。

4. 育种生产群的建立

为了保证种畜质量，促进育种工作顺利进行，在大通牦牛培育成功后，青海大通种牛场不仅制定了大通牦牛品种标准，而且设立了大通牦牛繁育中心及育种一队、育种二队、育种三队和草业服务站 5 个生产单位，以此在长期选育中，保证具有适合大通牦牛生产的育种生产群的建立、选育相关科学技术体系及经营管理体制的建设，并确保大通牦牛按家畜新品种进行选育提高。

（1）育种一队　青海省大通种牛场育种一队距场部 1km，北邻门源县，南与大通县青山乡相接，东西长约 7km，南北宽约 15km，地形属典型的高原山地类型，自西北向东降低，海拔 3 000～3 900m，境内主要地貌类型为高山、滩地、沟谷和沼泽湿地。

育种一队境内交通便利，各牧业定居点都通有简易公路。天然草场放牧是育种一队中畜群放牧的主要模式。按照以草定畜的要求，育种一队制订了合理的载畜量指标和结构比例，牲畜存栏量得以压缩，从而使牲畜发展数量与草地生产能力相适应，也使畜草资源得到了合理配置，有利于植被的恢复。育种一队草场面积共 146.67km²。其中，可利用草场 133.33km²，草地类型以高寒草甸和山地草甸为主，主要可食用牧草为禾本科植物，有垂穗披碱草、鹅冠草、早熟禾等。科学的轮牧基础设施建设，对草场的保护和恢复起到了较大的作用。每年根据牛场草原建设要求，组织职工进行多年生草籽的收集和补播，对退化草场进行重点治理。同时，为了减轻草场压力，冬季进行适时冷季补饲。育种一队现有牦牛群共 19 个，其中种公牛群 6 个、育成群 2 个，主要承担牦牛种牛繁育推广任务。

（2）育种二队　育种二队距场区 10km，北与门源县相邻，南部接壤大通县青山乡，东西长约 17km，南北宽约 15km。地形属典型的高原山地类型，自西北向东南降低，海拔在 3 200～4 229m。育种二队区域内主要地貌类型为高山、滩地、沟谷、沼泽湿地等。其范围内山谷相间、沟壑交错、河流纵横、水质优良，土壤类型以高山草甸土（高寒草甸与山地草甸）为主，这种土壤类型占育种二队的绝大部分面积，牧草生长茂盛，非常适合放牧。育种二队草场总面积为 222.67km²，其中 206.67km² 为可利用草场。可食牧草主要包含禾本科植物，有垂穗披碱草、鹅冠草、早熟禾等。季节转场放牧是草地资源的基本利用方式，季节草场一般采用三季轮牧放养方式，这样可以有效利用草场，并减少对原有植被的破坏。全队现适繁母牛存栏量为 5 229 余头，有核心群 9 个、育成群 21 个、扩繁群 22 个，年产犊达 4 000 余头。

（3）育种三队　育种三队位于牛场以西约 40km 处，北邻祁连县，南部接壤大通县青山乡，东西长约 10km，南北宽约 15km。地形属典型的高原山地类型，自西北向东南降低，海拔在 3 200～4 600m。育种三队区域内主要地貌类型为高山、滩地、沟谷和沼泽湿地。其范围内山谷相间、水源充足且优良，是宝库河的发源地。

育种三队草场总面积为 173.33km²，可利用草场面积为 160km²。高山草甸土为主要土壤类型，主要分布在海拔 2 900～3 700m 的山谷地。禾本科为主要牧草种类，如垂穗披碱草、鹅冠草和早熟禾等。育种三队实行天然放牧模式。季节转场放牧为草地资源的基本利用方式，一般将季节草场分为两季轮牧。育种三队全队现存栏大通牦牛种公牛990头，适繁母牛2 500余头，并有核心群2个，育成群5个，扩繁群16个。已形成由大通牦牛扩繁群、育成群和推广群构成的大通牦牛繁育推广体系。年产犊1 700余头，每年可为省内提供990余头大通牦牛种公牛。

第二章
大通牦牛品种特征和生产性能

第一节　大通牦牛体型外貌

一、外貌特征

大通牦牛体躯毛色呈黑色或夹有棕色纤维，其背线为灰白色或乳白色。同时，嘴唇和眼睑也为灰白色或乳白色，具有明显的野牦牛特征。颈峰隆起，公牦牛尤为明显，且鬐甲较高，背腰平直至十字部再次隆起，即背线整体呈现出波浪形线条。大通牦牛具有体格高大、体质结实、结构紧凑的特点，前胸开阔，四肢稍高但结实，具有发育良好的优势，并呈现肉用体型。除此之外，公、母牦牛均有角，头粗重，颈短厚且深。母牦牛头稍长，眼大且圆，清秀，颈长而薄。体侧下部密生粗长毛，体躯夹生绒毛和两型毛，裙毛密长，尾毛长而蓬松（图 2-1 至图 2-3）。

图 2-1　大通牦牛公牛

图 2-2 大通牦牛母牛

图 2-3 大通牦牛核心群

二、体尺与体重

大通牦牛生长发育速度较快，经过 20 多年的选育，初生、6 月龄、18 月龄、30 月龄体重显著高于其他家养牦牛。3 岁公牦牛体重可达（237.31±15.31）kg，母牦牛体重可达（169.57±11.96）kg。体尺方面，大通牦牛也具有显著优势，6 月龄、12 月龄、18 月龄及 36 月龄公、母牦牛在体高、体斜长、胸围和管围等方面均显著高于其他同龄家养牦牛。

第二节　大通牦牛生物学特性

一、行为学

1. 群体争斗行为

大通牦牛以群居为主，且通过争斗来确定它们在群体中的地位，优胜关系在牦牛群中十分普遍而且相当明显。优胜者在群体中拥有配种、采食等方面的优先权，因此在群体中占有统治地位。当有外群的牦牛闯入时，原群牦牛具有强烈的排斥性，并且会通过新一轮的争斗来确立群体中的等级次序。这种优胜关系也给放牧带来一定的好处，优胜个体常常在牛群中居"领头"的位置，因此放牧者通过控制"领头"牦牛便可控制整个牦牛群的采食及游走路线。

2. 采食行为

大通牦牛主要放牧在天然草场自由采食。春季是枯草季节，牧草青黄不接，适口性较差，采食的牧草仅仅维持生命，牛只处于半饥饿状态，迫使其整日寻觅牧草。5月中旬牧草开始返青，新鲜的牧草对牛只有着巨大的诱惑力，但每口采食的青草量很少，每分钟采食达75口以上，为了能吃饱，每天游走3～6km。7—9月是牧区的黄金季节，水草旺盛，牧草开花结籽。这时牛只移动缓慢，头颈垂于地面，寻找可口的牧草，边走边吃，游走较慢，食草速度较快。采食量以产草状况而定，一般混合群，每头日采食牧草约23kg，采食速度一般为0.8秒/口。在高草区采食方法为舌卷式，而在低草区则采取啃式，牧草高约5cm时大通牦牛也能啃食。进入秋季草场后采食行为与牧草高度有一定的关系，秋季牧草虽然渐渐发黄，但均属高草，含有一定的水分，草质比较好。同时，天气开始变冷，适合牛只采食，游走缓慢，表现安静，能在短时间内吃饱。吃草时舌卷式和啃式相结合，先舌卷优质的长得较高的草，然后嘴啃地面的软草，行动时身体略向右、向左或向前不断地变换吃草的位置。从12月到翌年5月是冬季放牧时间，冬季气候寒冷恶劣，牧草全部枯黄，营养价值低下，适口性更差，食入的营养不能满足大通牦牛的维持需要，牛只开始掉膘，这时对一些老、弱、瘦、幼牛用青刈草或全价饲料进行补饲。

3. 反刍行为

大通牦牛的反刍与其他牛种一样，是将食入的牧草再逆出，咀嚼，然后再进行吞咽的连续动作。牧食时将大量稍加咀嚼的牧草吃进并储存于瘤胃，稍后将草团从瘤胃中逆呕出来，经过再咀嚼后，再吞咽下去。这种牧食活动保证牛只在野外任何情况下都可以最大量地采食牧草，而反刍活动是在较为安全闲适的环境中完成已采食食物的进一步消化程序。犊牦牛出生后 10d 就有反刍表现，因个体之间的差异每天的反刍时间有所不同。反刍周期中的持续期一般为 1～2min，有的长达 3～60min。逆出的草团总数与每分钟反刍的总次数是相对应的，每个食团再咀嚼混合唾液的时间为 1min 左右，每团逆出和再吞下需 4～5s，每一周期之末停顿 3～4s。随着牧草的枯黄，反刍周期增加，反刍和牧食的比值上升。如大通牦牛长时间不反刍，则可能是生病了或有其他异常情况，必须引起注意。

4. 饮水行为

草场水源的情况决定着大通牦牛的饮水次数。大通牦牛本身生物学特性决定了它喜欢高寒阴潮，所处的草山、草原到处都是河流、小溪，因此在放牧过程中，随时可饮到水，饮水次数多，但每次饮水量不大。到了冬季，河流封冻、小溪结冰，大通牦牛只能破冰饮水，因此饮水次数较少。大通牦牛的耐饥渴性极强，可以 4～7d 不吃不喝，照常生活，其他牛种是无法与之相比的。

5. 吸吮行为

犊牦牛出生后几分钟就能站起来，站稳后向母体和母声方向移动，并能对母体的乳房做顶碰运动，直到找到乳头吮出乳汁为止。犊牦牛在未找到乳头之前母牛不停地前后左右移动，调整自己的位置，帮助犊牦牛找到乳头，并不停地舔犊牦牛身上的黏液。犊牦牛从左侧或右侧开始吸吮，偶尔也有从母牦牛后侧吸吮的。大通牦牛的乳房小，乳头短，犊牦牛从一侧吸完 2 个乳头的乳汁后，转向另一侧再吸吮另外 2 个乳头的乳汁，直到把 4 个乳头的乳汁全都吮吸完。当乳汁减少时，犊牦牛用头、嘴顶撞母牦牛的乳房，引起乳流量增加。影响犊牦牛的吸吮速度和吸乳量的因素，主要是犊牦牛的体型大小、日龄和母牦牛放乳的速度等。犊牦牛平均每天吸吮 6～8 次，每次 6～10min 即可吃饱。

6. 性行为

每年交配季节初期，大通牦牛公牦牛性活动的出现时间普遍早于母牦牛。公牦牛可通过嗅觉和视觉来分辨母牦牛的发情情况，包括闻母牦牛外阴、后躯或尿液，这是因为公牦牛对发情母牦牛分泌的外激素非常敏感。同时，公牦牛会表现出一系列求偶行为，如追随、舔舐、闻嗅、露龈、伸颈和翘鼻等。母牦牛发情特征不明显或发情前期性欲不高时，容易出现排斥公牦牛爬跨的现象，但在发情旺期这种现象逐渐消失。发情时，母牦牛外阴部肿胀，从阴门流出黏稠且透明的液体，愿意接受任何牦牛嗅闻及舔舐其外阴部，排尿动作变得频繁。到了发情后期，母牦牛逐渐变得安静，外阴消肿，分泌的黏液量减少，并且透明度降低，同时拒绝公牦牛爬跨。

7. 其他行为

牦牛对外界环境的警觉性很高。夏季，昆虫等常常骚扰牦牛，此时牦牛就会出现护理行为，如摆尾、抖动等。牦牛好动，且由于大通牦牛具有野牦牛的出色基因，因此精力旺盛、竞争性强也成了大通牦牛的特点。在大通牦牛的各种生态行为中还有些特有行为，如打滚，在坡度为20°～40°的无草斜坡，头、角偎地尾巴翘起，发出吼叫声，前蹄刨地，头朝坡上，尾朝坡下，再行打滚，翻来覆去，少者翻2～4个，多者达12个，1头牛1d要翻滚2～3次，每次需要2～5min，最长翻滚可达20min以上。打滚后，站起来抖抖身上的土，就悠闲地离开打滚的地方。打滚多见于去势牛、公牦牛和未妊娠母牦牛，但犊牦牛打滚很少见。据观察，打滚是大通牦牛休息行为的一种方式。母性行为也是牦牛明显的行为学特征，临近分娩时，母牦牛会选择离牛群较远的地方，并且对接近的任何人都怀有敌意。母牦牛对犊牦牛有依恋性，并且具有强烈的保护和占有行为，拒绝其他牦牛或人接近犊牦牛。当有人接近犊牦牛时，往往会引起母牦牛的攻击行为，当发现犊牦牛掉队或走失时，母牦牛会四处寻找并发出叫声。母牦牛有明显的排斥非亲生犊牦牛的行为。

掌握以上各种行为规律，对于大通牦牛的放牧管理、生产繁殖有十分重要的意义。

二、大通牦牛生理生化指标及特性

1. 主要生理生化指标

血清激素含量、血液蛋白质等生化指标是反映牦牛营养满足程度、新陈代谢状况、体内外环境平衡状况、机体健康生长发育及生产性能的综合因素。因此，对大通牦牛生理生化指标进行研究有助于揭示大通牦牛的生物学特性和种质特性，还可给选育工作提供科学的理论依据。

生长激素（growth hormone，GH）是调控整个机体生长的重要激素，胰岛素（insulin，INS）具有促进肝糖原生成和葡萄糖的分解以及由糖转变成脂肪、促进体内脂肪水解的作用，甲状腺素（thyroxine，T_4）和三碘甲腺原氨酸（triiodothyonine，T_3）对动物的代谢和生长发育有重要的调节作用。

王敏强（2001）在对不同成长阶段（5～15月龄、17～27月龄和29～39月龄）大通牦牛的血清激素的研究中发现，生长激素含量，公牦牛、母牦牛及平均值分别为（1.674±0.915）ng/mL、（1.599±0.914）ng/mL、（1.635±0.914）ng/mL；胰岛素含量分别为（264.164±81.365）ng/mL、（259.837±90.192）μg/mL、（261.916±85.987）μg/mL；甲状腺素含量分别为（43.308±16.333）ng/mL、（49.971±18.422）ng/mL、（46.775±17.74）ng/mL；三碘甲腺原氨酸含量分别为（1.109±0.658）ng/mL、（1.246±0.745）ng/mL、（1.190±0.707）ng/mL。同时发现，在一年中，受高寒牧区草地营养物质供给季节性极不平衡的制约，牦牛体重变化很大，而激素发挥作用不仅体现在浓度上，还体现在相应受体的敏感性，以及相关激素之间的协同作用上，通过微量的改变而实现对机体生理生化代谢的调节。因此，相对于体重变化而言，激素变化幅度较窄，与体重的相关性不强。平均日增重与平均胰岛素和甲状腺素浓度呈现出极显著的相关性，可能与生长牦牛的年龄有关。因此，胰岛素和甲状腺素浓度可能是有用的相对重要的经济性状，也可将这些指标作为优良牦牛的选育指标。

囤永强（2005）研究发现，不同年龄（0.5岁、2.5岁和3.5岁各20头）的大通牦牛，在1—11月中，血液中总蛋白（TP）和白蛋白（ALB）含量先下降，均在5月降至最低，然后开始上升，至7月升至最高水平。尿素氮（RUN）在牧草生长最旺盛时（7月）含量达到最高6.54mmol/L，在1月降至最低1.51mmol/L。肌酐（CREA）含量与尿素氮变化相反，7月降至最低水平，为96.38μmol/L，在1月达到最高水平为241.84μmol/L。大通牦牛血液中钙（Ca）和无机磷（IP）的含量与其他指标略有不同，血液中钙和无机磷含量在9月达到最高，分别为2.83mmol/L、2.22mmol/L。血液中钙的含量在5月降至最低为2.35mmol/L，而血液中无机磷含量在3月降至最低为1.44mmol/L。结果表明，血清总蛋白含量和肌酐含量可作为2岁以上放牧大通牦牛营养状况的监控指标，生长大通牦牛的物质代谢系统在2～3岁趋于稳定，能适应高寒草原上终年放牧的生态环境。

2. 生态生理特性

（1）耐低氧　大通牦牛生长在平均海拔 3 000m 以上的地区，在严重缺氧的环境下，仍然保持良好的生长发育性能。不仅能够稳定发情、排卵、繁殖后代，还能在高原地区耕地、驮载、供骑乘等。在漫长的选育过程中，大通牦牛保留了野牦牛气管短而粗大的特征，并且拥有开阔的胸腔，使其依旧具有很好地适应高原少氧环境的能力。这种结构使其能够频速呼吸，单位时间内的气体交换量增大，以此获得更多氧气。血液中较高的红细胞含量和血红蛋白含量，使牦牛血液中含有较多的氧，满足生产过程中对氧的需求。

（2）耐寒怕热　由于青藏高原气候寒冷，天气变化剧烈，长冬无夏，年平均气温在 0℃ 左右，因此大通牦牛与其他牦牛品种一样，在进化过程中形成了不发达的散热机能，以此能生存下去。大通牦牛皮肤较厚，由较薄的表皮和较厚的真皮层组成。其皮下组织发达，暖季容易蓄积脂肪，可防止体热过度散失，形成机体的储能保温层，在冷季可免受冻害。

（3）采食能力强　大通牦牛具有薄而灵巧的嘴唇、短舌，但舌端宽而钝圆有力，舌面的丝状乳头发达而角质化，牙齿齿质坚硬且耐磨，这些突出的特性造就了大通牦牛对高山草原矮草的采食有良好的适应特性。大通牦牛既能卷食高草，也能用牙齿啃食高 3～5cm 的矮草，在春冬季节还能用舌舔食被踏碎或被风吹、鼠咬断的浮草。

三、大通牦牛的抗逆性和遗传稳定性

1. 体型外貌遗传特征

各世代大通牦牛毛色全黑色或夹有棕色纤维，各世代中没有或极少出现杂色个体，野牦牛特征十分明显，嘴、鼻、眼睑为灰白色，具有清晰可见的灰白色背线，背腰平直，前胸开阔，肢高而结实。大通牦牛核心群理想型成年母牛外貌高度一致，公牛相似程度更高。

2. 主要生产性能指标的遗传稳定性

目前，大通牦牛依然是终年放牧，在测定的各龄体重，如初生重、6 月龄体重和 18 月龄体重因各年牧草生长状况及气候的不同，测定结果有一定的差异，但总趋势是大通牦牛生长发育快、产肉力高，明显高于同等条件下的其他牦牛。在异地改良中，引入的大通牦牛种公牛，对当地牦牛具有明显的改良效果，深受群众欢迎。

大通牦牛繁殖力较强，2.5岁时进入适配年龄，发情配种，3.5岁可产第1胎，一般3年产2胎。大通牦牛继承了野生祖先抗逆性和适应性强的遗传特点，生产的犊牦牛越冬死亡率低于1％，比同龄家牦牛群体5％的越冬死亡率降低4个百分点，且觅食能力强，采食范围广。

四、大通牦牛与其他牦牛品种的区别

我国目前的牦牛地方品种（遗传资源）有18个，包括分布于四川省的九龙牦牛、木里牦牛、麦洼牦牛、金川牦牛、昌台牦牛；分布于青海省的青藏高原牦牛、环湖牦牛、雪多牦牛、玉树牦牛；分布于西藏的西藏高山牦牛、帕里牦牛、斯布牦牛、娘亚牦牛、类乌齐牦牛；分布于甘肃省的天祝白牦牛、甘南牦牛；分布于云南省的中甸牦牛；分布于新疆的巴州牦牛。上述这些中国牦牛品种基本上是根据产地的地域生态分布和外形特征而划分的，没有说明品种的遗传差异及选育该品种的过程中环境条件的差异程度，因此严格地讲只能是地方生态类型或遗传资源。而培育的大通牦牛无论是其遗传结构还是体型外貌特征方面与以上各地方牦牛品种均有明显区别。

第一，大通牦牛是在青藏高原生态条件下，通过有计划地捕获驯化野牦牛、制作冷冻精液，连续多年大面积人工授精、生产具有强杂交优势的含1/2野牦牛基因牦牛，建立含1/2野牦牛基因的横交固定育种核心群，通过闭锁繁育、适度应用近交技术、强度选择与淘汰、选育提高、推广验证等技术手段改变其遗传结构，经近20年不懈的育种工作，人工培育的第1个牦牛新品种。第二，大通牦牛外貌特征高度一致，具有明显的品种特征，即野牦牛特征十分明显，嘴、鼻、眼睑为灰白色；具有清晰的灰色背线；公牛有角，母牛基本有角，成年公牛角基直径显著粗于有角母牛，达18～20cm；背腰平直，前胸开阔，四肢较高而结实，具有一般肉用牛的体型特征。第三，抗逆性与适应性较强。突出表现在越冬死亡率明显降低，觅食能力强，采食范围广。

五、新品种的作用和前景

牦牛主要分布在青藏高原高寒牧区，利用了其他牛种无法利用的20亿亩高寒草场资源，在当地国民经济中占有重要地位，与农区的种植业有同等的重要作用，与当地生产、生活、文化、宗教等有着密切的关系。大通牦牛新品种

的成功培育及其培育技术有重要意义。它是世界上第 1 个人工培育的国家级牦牛新品种，结束了牦牛无培育品种的历史，在牦牛中增加了新的遗传资源。大通牦牛新品种的推广、利用，对充分利用我国现有草地资源，提高牦牛生产性能，进而改善当地人民的生活质量有着重要意义。自 1988 年"野牦牛驯化与利用"获农业部科技进步奖三等奖和 1993 年"牦牛复壮新技术"通过部级鉴定后，大通种牛场的含野牦牛基因公牛和 F_1 代横交后代公牛便开始在全国牦牛产区受到重视和欢迎：1988 年，西藏当雄购买了 50 头含 1/2 野牦牛基因的种牛（公、母各半），建立了西藏当雄公牛站、甘肃省畜牧总站、青海省畜牧科学院、青海省畜牧兽医总站、全国畜牧兽医总站推广处、中国农业科学院兰州畜牧与兽药研究所、新疆巴州畜牧站、新疆克州畜牧站分别在 1994 年、1997 年、2000 年、2001 年通过本省（自治区）或农业部立项，专门推广应用大通种牛场的培育公牛和野牦牛冷冻精液改良项目区的家牦牛，取得了显著成绩，如青海省畜牧科学院 1997 年开始执行的"牦牛复壮综合配套技术"获得青海省 2001 年科技进步奖一等奖，甘肃省畜牧总站的同类项目获省科技进步奖三等奖，全国畜牧兽医总站的"牦牛改良技术推广"课题获得 2004 年农业部丰收奖。

2003 年 6 月，FAO RAP 出版了《THE YAK》一书，该书第二章中专门介绍了用野牦牛作为父本培育成功的大通牦牛的特点，认为大通牦牛是世界上第 1 个人工培育的牦牛品种，在广大牦牛饲养地区有推广价值。1999—2003 年，大通种牛场分别向四川、甘肃、新疆、西藏、青海等地销售种牛 215 头、780 头、478 头、582 头、1 612头。各年度销售收入分别占当年养牛业收入的 21.5%、41.3%、23.58%、29.94%和 64.5%，分别占大通种牛场牧业总收入的 10.3%、35.66%、19.41%、26%和 55.8%，2003 年销售种牛收入比 1993 年提高了 60 倍。

由于大通牦牛具有稳定的遗传性，较高的产肉性能，特别是有突出的抗逆性和对高山高寒草场的利用能力，所以深受牦牛饲养地区的欢迎，对推动全国牦牛改良复壮有很重要的意义。大通种牛场年产 1 000 头种牛的生产能力已很难满足市场需求。从 2002 年起，青海省畜牧厅已给大通种牛场下达任务，要求从当年开始，每年为青海牧区供应种牛 1 000 头。西藏、甘肃、川西北等高寒牧区每年都要购买数百头种牛，大通牦牛推广前景十分看好。

第三节　大通牦牛生产性能

一、生长性能

大通牦牛终年放牧，其生长发育速度较快，产肉较高。3岁公牛体重可达（237.31±15.31）kg，母牛体重可达（169.57±11.96）kg。体尺方面，大通牦牛也具有显著优势，6月龄、12月龄、18月龄及36月龄公牛、母牛在体高、体斜长、胸围和管围等方面均显著高于其他同龄家牦牛。在产肉方面，大通牦牛也表现出较明显的优势，18月龄大通牦牛胴体重为73.5kg，胴体长为89.4cm，净肉重为54.2kg，屠宰率为47.91%，净肉率为37.1%，各项产肉指标均显著优于当地家牦牛。大通牦牛活重、体尺测定见表2-1。

大通牦牛3~4世代仍保持了与0世代基本相同的生产性能、抗逆性和繁殖力。据跟踪调查，近10年出售到青海各牧区、甘肃甘南州、新疆巴州和喀什地区、西藏那曲和昌都等地的公牦牛，不但表现了很好的适应性，而且对改良当地家牦牛发挥了重大作用。改良后代各年龄段体重比当地家牦牛提高15%以上，并表现了很强的高山放牧能力和很显著的耐寒、耐饥和抗病能力，体型外貌、头形、角形、毛色都具有大通牦牛的特征，这也从另一角度证明了大通牦牛的遗传力很稳定。

表2-1　大通牦牛活重、体尺测定

年龄	性别	测定头数	体高（cm）	体斜长（cm）	胸围（cm）	管围（cm）	活重（kg）
0.5岁	公	171	89.42±5.75	91.12±5.83	114.05±8.52	12.23±0.96	82.56±9.76
	母	137	88.09±5.12	87.75±4.75	113.74±6.53	12.89±0.98	79.92±7.63
1岁	公	157	91.71±6.15	91.64±5.76	118.79±7.21	13.83±0.83	92.66±10.26
	母	178	88.65±5.97	90.92±5.25	115.57±6.77	12.96±0.85	83.15±11.35
1.5岁	公	161	96.98±5.43	108.51±8.08	138.35±7.91	11.69±0.85	143.90±21.32
	母	147	91.93±5.03	93.12±7.49	115.47±7.58	12.31±0.75	110.53±6.24
3岁	公	124	101.88±6.55	114.14±6.68	172.45±9.29	15.05±0.98	237.31±15.31
	母	139	95.13±4.36	108.21±5.10	130.06±7.94	13.83±0.83	169.57±11.96
6岁以上	公	57	121.32±6.67	142.53±9.78	195.6±11.53	19.20±1.80	381.7±29.61
	母	63	106.81±5.72	121.19±6.57	153.46±8.43	15.44±1.59	220.3±27.19

二、繁殖性能

大通牦牛繁殖率较家牦牛明显提高，初产年龄由原来的 4 岁半提前到 3 岁半，经产牛为 3 年产 2 胎，产犊率为 75％；青年牦牛受胎率达 70％，比同龄家牦牛提高 15％～20％。24～28 月龄大通牦牛公牛可正常采精，母牛可在 28 月龄发情配种，比一般家牦牛提前 1 岁繁殖。

三、育肥性能

赵寿保等（2019）在青海省大通种牛场选定 40 头大通牦牛妊娠母牦牛作为试验牛，然后随机平均分为 2 组。从母牛产犊开始按顺序从 2 组牛中各选择 5 头公犊牦牛和 5 头母犊牦牛为试验牛，各组犊牦牛出生日龄相差不超过 3d。母牦牛在产前 50d 进行补饲，每天 8：30 补饲 1 次，每次每头补饲精饲料 1.5kg，白天自由采食牧草和饮水。分娩后继续补饲，产后犊牦牛哺乳的同时，母牦牛采食精饲料和天然牧草。对照组按常规放牧管理，没有任何补饲。然后跟随测定犊牦牛的体重和体尺指标。经过试验对比大通牦牛的犊牦牛与对照组犊牦牛的初生重、1 月龄体重、2 月龄体重和 3 月龄体重，发现试验组的公犊牦牛、母犊牦牛的体重在出生时和 1 月龄时差异不显著；在 2 月龄时试验组与对照组差异不显著；3 月龄时 2 组公犊牦牛、母犊牦牛的体重相差 12kg，差异极显著。在体尺方面，当犊牦牛长到 3 月龄时，试验组的公犊牦牛、母犊牦牛与对照组犊牦牛在体高、体斜长、胸围、管围方面相比，分别增加了 2.80cm 和 1.00cm、2.40cm 和 1.44cm、8.2cm 和 5.48cm、0.4cm 和 0.4cm。由此可见，可以通过给妊娠母牦牛进行补饲来提高犊牦牛的生长发育性能。

周爱民等（2015）探究了不同蛋白质水平补饲对 3 月龄早期断奶犊牦牛生产性能、血液指标和胃肠道发育的影响。本次试验在青海省大通种牛场育种一队进行，选取了 3 月龄断奶后的 48 头母犊牦牛进行试验。随机分为 4 组（3 个补饲组＋1 个对照组），每组 4 个重复，每个重复 3 头牛为 1 圈。对照组犊牦牛全部进行放牧，补饲组在放牧的基础上添加 3 种不同蛋白质水平的饲粮。粗蛋白质水平分别是 17％、18％、19％。试验时间包括 7d 的预试期加上 60d 的正试期。补饲量根据预试期内犊牦牛的采食量来确定，在补饲时间内进行自由采食。然后比较犊牦牛的总增重和平均日增重，结果显示，3 种不同蛋白质含量的饲料饲喂的犊牦牛增重分别为 10.45kg、11.96kg、10.43kg，对照组的总增重为 8.11kg。这说明，用不同粗蛋白质水平的饲粮进行补饲对犊牦牛具有不同的增重效果。

王敏强等（2005）对约 0.5 岁的基本不挤母乳的犊牦牛于 1 月 25 日提前断奶，进行为期 4 个月的简单而少量的青稞精饲料补饲。试验设对照组与补饲组，在 1 月 17 日从育种核心群的 90 余头断奶犊牦牛中选取 12 头犊牦牛（其中公犊牦牛 6 头，母犊牦牛 6 头）进行补饲。另外，从中随机选留 17 头年龄相似的犊牦牛（其中 8 头母牛，9 头公牛）作对照组。随后用跟踪测定方法，每隔 1 个月给补饲组牛称重 1 次，每隔 2 个月给对照组牛称重 1 次，并在补饲始末，测量两组牛的体高、体斜长、胸围、管围等 4 项常规体尺指标。结果表明，在体重方面，根据动态的统计，从 3 月 25 日至 5 月 25 日，补饲组牛比未补饲组牛每个月多增重 7.3kg，补饲效果十分明显。在犊牦牛的体尺方面，补饲组牛在补饲期的体高平均增加 3.88cm。由此可见，在冷季对断奶的犊牦牛进行补饲有明显的增重效果。

四、肉用性能

18 月龄的产肉性能是肉牛经济性状的重要指标，对于牦牛来说也是如此。陆仲璘等（2005）在进行大通牦牛的培育时选用育种核心群 18 月龄一世代的大通牦牛进行了屠宰试验测定。结果发现，18 月龄一世代大通牦牛平均胴体重（71.17±3.40）kg，平均宰前活重为 150.50kg，屠宰率为 47.30%，净肉率为 37.12%，胴体产肉率为 78.85%。与青藏高原型牦牛相比，各个指标都处在领先地位。

柏家林等（2005）对一世代大通牦牛，分别于 6 月龄和 18 月龄进行了 2 次屠宰试验，然后与家牦牛的性状进行了比较。结果表明，在 2 个年龄段内一世代大通牦牛的屠宰率均为 48%~50%，在 2 个年龄组中，一世代大通牦牛胴体重、净肉重和优质肉块重均显著高于家牦牛。由试验结果进行对比，可知大通牦牛在产肉性能方面得到了极大的改善。

罗毅皓（2010）从肉色、大理石纹、pH、失水率、系水力、熟肉率、肌纤维直径、剪切力等方面来比较成年大通牦牛肉与犊牦牛肉品质差异。结果表明，犊牦牛的肉色、大理石纹评分均低于成年牦牛。犊牦牛的系水力、熟肉率均高于成年牦牛，并且失水率、肌纤维直径、剪切力均低于成年牦牛，说明犊牦牛肉比成年牦牛肉食用品质高（表 2-2）。

表 2-2 大通牦牛肉食用品质测定

项目	成年牦牛（3 岁）	犊牦牛（6 月龄）
肉色（分）	3.41±0.66	3.00±0.32
大理石纹（分）	3.25±1.08	2.50±0.55
pH	5.53±0.38	5.56±0.05
失水率（%）	25.73±4.38	21.13±0.69
系水力（%）	66.27±6.10	69.04±1.89
熟肉率（%）	54.28±2.76	66.40±2.15
肌纤维直径（cm）	55.97±6.13	23.48±1.65
剪切力（kgf*/cm²）	4.13±0.89	3.42±0.46

席斌等（2018）以青海大通牦牛为研究对象，采用国标方法对其背部最长肌中基本营养成分、17 种氨基酸、4 种特质性脂肪酸含量进行了系统分析。由表 2-3 可知，犊牦牛肉水分、粗蛋白质含量分别为（74.32±0.07）%、（23.11±0.14）%，均显著高于成年牦牛；粗脂肪、灰分含量分别为（7.46±0.09）%、（0.75±0.09）%，均显著低于成年牦牛。由此可见犊牦牛肉有高蛋白、低脂肪的特点。

表 2-3 不同年龄大通牦牛肉中基本营养成分

项目	水分（%）	粗蛋白质（%）	粗脂肪（%）	灰分（%）
犊牦牛（6 月龄）	74.32±0.07	23.11±0.14	7.46±0.09	0.75±0.09
成年牦牛（6 岁）	71.07±0.10	21.01±0.07	8.50±0.05	0.91±0.10

肉中氨基酸含量和比例可以作为评价肉营养价值的重要指标，越来越多的研究结果表明，谷氨酸在许多器官系统中具有重要功能。谷氨酸是体内含量最丰富的游离氨基酸，占骨骼肌游离氨基酸的 60%。谷氨酸作为嘌呤和嘧啶合成中的氮供体，具有细胞增殖等多种生理功能。此外，谷氨酸还是重要的鲜味氨基酸，其含量高低对肉鲜度有很大影响。天门冬氨酸可以为人体参与其他氨基酸代谢提供能量，它是人体赖氨酸、苏氨酸、异亮氨酸、甲硫氨酸等氨基酸，以及嘌呤、嘧啶碱的合成前体，它也可以增强肝功能、消除疲劳等。赖氨

---

* 千克力为非法定计量单位。1kgf＝9.806 65N。——编者注

酸、甲硫氨酸和胱氨酸是发展中国家儿童谷类饮食中的限制性氨基酸，而通常大部分谷物蛋白中赖氨酸、甲硫氨酸和胱氨酸含量较少，这也是谷物蛋白营养价值不如肉类蛋白的重要原因。甲硫氨酸和胱氨酸被用于牛磺酸蛋白质的合成。牛磺酸在人类婴儿的许多生理功能中具有重要作用。每100g大通牦牛肌肉中氨基酸含量测定结果见表2-4。在青海大通牦牛的肌肉中共测定了17种氨基酸，其中必需氨基酸13种，谷氨酸、赖氨酸、天门冬氨酸、亮氨酸、精氨酸、缬氨酸、丙氨酸、甘氨酸含量比较丰富。参照必需氨基酸基准模式，质量较好的蛋白质EAA/TAA应在40%左右。由此可知，青海大通牦牛肉属于优质蛋白质牛肉。

表2-4　每100g大通牦牛肌肉中氨基酸含量测定结果

分类	氨基酸	含量（g）
非必需氨基酸（NEAA）	天门冬氨酸（Asp）	6.96±0.08
	丙氨酸（Ala）	4.01±0.05
	丝氨酸（Ser）	3.70±0.11
	谷氨酸（Glu）	12.50±0.88
条件必需氨基酸（TAA）	酪氨酸（Tyr）	2.50±0.14
	甘氨酸（Gly）	4.94±0.05
	脯氨酸（Pro）	3.54±0.06
	精氨酸（Arg）	5.36±0.08
	胱氨酸（Cys）	1.06±0.02
必需氨基酸（EAA）	苏氨酸（Thr）	3.74±0.12
	缬氨酸（Val）	4.08±0.08
	蛋氨酸（Met）	1.56±0.13
	异亮氨酸（Ile）	3.78±0.07
	亮氨酸（Leu）	7.60±0.16
	苯丙氨酸（Phe）	3.93±0.44
	组氨酸（His）	3.67±0.07
	赖氨酸（Lys）	7.04±0.57

　　脂肪酸根据碳氢链饱和与不饱和可分为饱和脂肪酸（SFA）、单不饱和

脂肪酸（MUFA）和多不饱和脂肪酸（PUFA）3 类。PUFA 具有多种生物学功能，如构成细胞膜、诱发基因表达、防治心血管疾病、促进生长发育等。其中，n-3 族 PUFA 较有代表性的物质包括亚麻酸（$C_{18:3n3}$）、亚油酸、EPA、DHA 等，与人体免疫、衰老发生、胎儿发育和基因调控等过程密切相关。亚麻酸和亚油酸是人类已知的 2 种必需氨基酸，因为人体需要它们进行各种生理过程，必须从食物中摄取才能保持身体健康。DHA 和 EPA 可防止人类冠状动脉疾病，n-6 族 PUFA 具有代表性的化合物有花生四烯酸（$C_{20:4n6}$）等，是脑和视神经组织以及细胞膜的重要物质基础，具有促进婴儿生长发育等作用，且花生四烯酸为人体必需脂肪酸，人体不能自行合成，必须从食物中摄取。因此，研究亚麻酸、花生四烯酸、DHA 和 EPA 这 4 种代表性脂肪酸，在营养学上更有实用意义。不同年龄大通牦牛肌肉中脂肪酸含量测定结果见表 2-5。

表 2-5   不同年龄大通牦牛肌肉中脂肪酸含量测定结果

脂肪酸	成年牦牛（6 岁）	犊牦牛（6 月龄）
亚麻酸（$C_{18:3n3}$）（%）	0.21±0.09	5.27±2.15
花生四烯酸（$C_{20:4n6}$）（%）	1.7±1.02	3.65±1.21
EPA（%）	0.41±0.14	1.54±0.78
DHA（%）	0.65±0.21	0.52±0.17

由表 2-5 可知，大通犊牦牛 DHA 与成年牦牛相比差异不显著，亚麻酸（$C_{18:3n3}$）、花生四烯酸（$C_{20:4n6}$）、EPA 与大通成年牦牛相比差异均显著。刘勇等（2015）的研究结果表明，犊牦牛肉中脂肪酸含量高于成年牦牛，因此犊牦牛肉具有更高的食用价值，这与本研究结果一致。

五、产乳性能

陆仲璘等（2005）对一世代大通牦牛进行了产乳性能测定，测定指标主要包括日挤乳量、月挤乳量、排乳速度和乳脂率。大通牦牛泌乳仍具有分期性，排乳速度为 0.25kg/min。大通牦牛与家牦牛的产奶量指标测定结果对比见表 2-6。

表 2-6　大通牦牛与家牦牛的产奶量指标测定结果对比

牦牛品种	120d 产奶量（kg）	日平均产奶量（kg）	乳脂率（%）
大通牦牛	212.18±20.18	1.77±0.16	5.20±0.29
家牦牛	184.59±10.54	1.53±0.10	5.35±0.41

六、产毛性能

大通牦牛一般在 6 月中旬前后开始进行抓绒剪毛，每年剪 1 次。牦牛产毛量受品种、性别、年龄、营养状况、采集技术、季节等因素影响较大。牦牛毛纤维可以划分为 3 种类型：粗毛、绒毛和两型毛。大通牦牛平均产毛量为 1.66kg，其中绒毛量为 0.85kg。绒毛、两型毛、粗毛重量百分比分别为（51.30±17.52）%、（11.91±2.09）%、（36.79±15.31）%；绒毛、两型毛、粗毛自然长度分别为（59.03±7.59）mm、（73.34±7.00）mm、（101.70±6.84）mm；绒毛强度和伸度分别为（7.98±0.56）cN、（36.78±1.67）%，两型毛强度和伸度分别为（22.63±1.86）cN、（43.60±5.78）%，粗毛强度和深度分别为（55.78±6.23）cN、（36.18±1.34）%。毛纤维净毛率、净毛回潮率、污毛回潮率和含脂率分别为（81.77±4.86）%、（10.56±3.27）%、（8.44±4.17）%、（10.68±1.16）%。由其各项指标可知大通牦牛的绒毛是极其宝贵的纺织材料。

第三章
大通牦牛品种保护

种质资源是畜牧业发展的基础，中国原本就具有许多优良家畜品种，而且经过多年来的品种选育又育成了许多性状优良的新品种。这些家畜品种中，汇集了各种优良基因。这些基因在一定环境下表现出可以满足人们需求的各种优良性状。所以，从一定程度上讲，一个品种就是一个基因库，是继续进行优质高产家畜培育和利用杂种优势的原始材料。对现有品种和类群的改良及保种是育种工作中的一项重要任务。牦牛是青藏高原高寒牧区畜牧业发展的独立板块，其独特遗传资源的综合开发利用关系高寒牧区经济发展和生态平衡。

第一节　大通牦牛保种计划与目标

大通牦牛是利用我国特有的野牦牛遗传资源培育成功的第 1 个国家级牦牛新品种，也是世界上第 1 个牦牛培育品种。2005 年，由中国农业科学院兰州畜牧与兽药研究所在青海省大通种牛场培育成功，而且还创建了配套的育种技术和完整的繁育体系，对建立我国牦牛制种和供种体系、改良我国牦牛、提高牦牛生产性能及牦牛业整体效益具有重要实用价值。

一、大通牦牛的概况

大通牦牛现存栏量 2.4 万余头，形成了由种公牛站、核心育种群、繁育群和推广扩大区构成的四级繁育推广体系。每年可向省内外提供 2 000 余头大通牦牛种公牛，生产优良牦牛细管冷冻精液 5 万余支。大通种牛场对大通牦牛有明确的选育目标，按目标有计划、有目的地进行选择和培育。目前，大通牦牛选育仍然存在一些问题：第一，牦牛的授配方式单一。牦牛饲养以高寒牧区终年放牧为主，而放牧牛群以自然交配为主。在牦牛生产过程中，由于受地域限制，人工授精操作不便，所以难以大面积推广实施，而自然交配阻碍了大通牦牛改良效果的充分发挥。第二，大通牦牛的供种能力受到限制。每年产公犊牦牛3 000多头，每年的选种淘汰和死损在20％左右，这是保障公牛质量所必需的。第三，优良母牛选育不足，在牦牛实际生产中，对适配的母牦牛外貌和生产性能基本没有要求，则导致母牦牛不加选择，全部留用。

二、种公牛、种母牛的选择

1. 种公牛的选择

目前，大通种牛场每年总产犊量约6 000头，按公母1∶1计，公犊牦牛有3 000头左右，本场核心繁育群公牛按15％～20％淘汰替换，每年需补充公牛至少200头。因此，大通牦牛每年可推广的公牛为2 300～2 500头。而牦牛产区对种公牛需求量较大，生产的种公牛远远满足不了产区需求。要进行大通牦牛的保种，就必须从种公牛的选择方面来加强大通牦牛的选种。

选择种公牛时，要经过初选、再选和定选。要在断奶之前进行初选，初选一般从2～4胎的母牦牛所生的公犊牦牛中进行筛选，按照公犊牦牛的血统和本身状况进行选拔，选留的数目要比计划多出1倍，进行血统审查时一般要追溯到3代。本身状况主要是看体型外貌、活重、日增重等指标。同时，对初选的公犊牦牛要加强培育，在哺乳期及后期饲养过程中，要加强营养供给及饲养管理，定期观察公犊牦牛的生长情况，并定期测定体重体尺和生长性能指标。要在公犊牦牛达到1.5～2岁时进行复选，主要是按照公犊牦牛本身的表现进行评定。要在公犊牦牛3岁时或者在配种前进行终选，最好由畜牧专业技术人员与放牧员共同评定，即进行严格的等级评定。选定后的种公牦牛按等级及选配计划可投群配种，配种过程中若发现缺陷，如配种力弱、受胎率低、精液品质不良等，还可淘汰。

2. 种母牛的选择

在大通牦牛生产实际中，对种母牛进行选择时，对适配种母牛外貌和生产性能基本没有要求。事实上在充分发挥种公牛的改良效果时，种母牛效应也十分重要，如果种母牛选择不好，改良效果事倍功半，则大通牦牛保种效果也会大大降低。对种公牛进行选择之后，也应按品种标准对种母牛进行选育，才能达到大通牦牛保种工作的预期目的。

保种过程中，要组建母牛选育核心群，选择母牛时步骤与公牛的基本相同。对一般的选育群，主要采取群选方法：拟订选育指标，突出重要性状，不断留优去劣，使群体在外貌、生产性能上具有较好的一致性；每年入冬前对牛群进行一次评定，淘汰不良个体；建立牛群档案，选拔具有该牛群共同特点的种公牛进行配种，加速群选工作的进展。

三、种群数量及性能指标控制

1. 种群数量

自大通牦牛成功培育以来，牦牛育种工作得到了前所未有的重视。大通牦牛现存栏量 2.4 万余头。其中，大通牦牛种公牛 0.5 万头，适繁母牛 1.2 万头，纯种野牦牛 87 头。有核心群 48 个，育成群 28 个，扩繁群 21 个。

2. 目标性状和指标

大通牦牛的保种目标是在保持品种特征明显、生产性能稳定、适应性良好等优良特性的基础上，提高牦牛的繁殖性能和产肉性能。

（1）生长发育性状　公犊牦牛初生重在 15kg 以上，母犊牦牛初生重在 14kg 以上；18 月龄时母牦牛体重 150kg 以上，体高 95cm 以上，公牦牛体重 180kg 以上，体高 105cm 以上。

（2）泌乳期产乳性能　大通牦牛母牛 150d 的产奶量不低于 350kg，平均乳脂率达到 6.4%。

（3）产肉性能　成年大通牦牛公牛活重平均为 350kg 以上，成年大通牦牛母牛活重在 220kg 以上。

（4）繁殖力　大通牦牛母牛初配年龄为 36 月龄，妊娠期 255d 左右，青年母牦牛的受胎率达到了 70% 以上。24～28 月龄公牦牛可正常采精，比一般家牦牛公牛提前 1 岁配种。

（5）体型外貌　体型结构紧凑偏向肉用型牛，体质结实，发育良好，背腰平直，前胸开阔，肢稍高而结实。毛色具有明显的野牦牛外貌特征：有明晰的灰色背脊线，额毛、眼睑、鼻镜为灰白色，体躯毛色呈黑色或夹有棕色纤维。

第二节 大通牦牛保种技术措施

一、保种原则

减缓保种群近交系数增大的速度，尽量保存品种内遗传多样性，使保种目标性状不丢失、数量不下降。

二、保种技术措施

1. 以龙头企业做示范

包广才（2020）对大通牦牛推广工作的调查和研究发现，多年来大通种牛场在维护和保持草原自然生态系统良性循环的基础上，以牦牛改良和服务农牧民为宗旨，始终坚持开展牦牛良种繁育推广和保种工作，为提高牦牛养殖效益、提升牦牛产业科技含量、提高农牧民生活水平发挥了积极作用。大通种牛场在5个示范县建立了14个牦牛养殖新技术示范基地和5个大通牦牛推广示范村，推广大通牦牛种牛及饲养管理技术，同时辐射带动周边地区大通牦牛的选育和推广利用工作。

2. 制订合理的公牛利用制度

为避免近交，采用非近交公牦牛逐代轮换配种制度，或采用公牦牛随机等量与母牦牛进行交配的方式，配种的公、母牦牛比例为1：（15～20）。保种区或扩繁场母牦牛以自留种为主，种公牦牛来自核心保种场或核心群。

3. 保种场编制选育及优化方案

大通种牛场每年秋末组织有关人员对核心群牛只进行品质鉴定，登记造册，调整或淘汰公、母牦牛，对选育群牛只鉴定整群，提高选种选配的质量。

4. 建立连续、完整的原始记录档案

内容包括配种记录、产犊记录、各阶段生长发育记录、各阶段生产性能记录、种公（母）牦牛卡片、遗传系谱、防疫、诊疗记录等，并在此基础上建立或完善品种登记制度、制订科学的饲养管理操作规程和选配计划。

三、保种技术

主要运用了常规保护法和现代生物学技术保护法对牦牛进行保种。常规保

护法是在需要保护的牦牛品种原产地建立保护区和核心群。现代生物学技术保护法是从牦牛的个体、细胞及分子水平对牦牛的遗传资源进行研究和保护，包括精子冷冻保存法、胚胎冷冻保存法。

1. 常规保护法

即活体原位保种。大通牦牛目前主要采用活体原位保种法，这种保种法是目前最常用也是最实用的方法，可以在利用中动态地保存资源，主要采用划定良种基地和建立保种群这2种方法保存资源。在保种的同时还可以与本品种选育相结合，达到保种和选种相统一的目的，建立保护区和核心群是保存大通牦牛优质遗传资源的有效方法。

2. 现代生物学技术保护法

（1）精子冷冻保存法　近20年以来，低温生物技术发展很快，已能长期保存多种活细胞和各种动物的精子。目前的牦牛精液冷冻保存方法和技术在20世纪就已研制成功，中国农业科学院兰州畜牧与兽药研究所和青海大通种牛场建立的牦牛种公牛站，生产的大通牦牛冷冻精液用于牦牛育种及改良，同时也达到了保存大通牦牛遗传资源的目的。

（2）胚胎冷冻保存法　胚胎工程主要是通过对精子、卵子及受精卵进行操作来充分发挥优良种畜的繁殖能力，尤其是优良母畜的遗传潜力。超低温冷冻保存技术、卵母细胞冷冻保存、体外受精、胚胎分割克隆等技术的使用，对保存遗传资源具有重要意义。胚胎冷冻保存技术在牦牛方面的研究起步较晚，中国农业科学院兰州畜牧与兽药研究所（2003）首次进行了大通牦牛的超数排卵，进行牦牛胚胎的冷冻保存，对大通牦牛的胚胎冷冻保存进行保种尝试。

第三节　大通牦牛四级繁育体系

目前，大通种牛场已建立了种公牛站、核心育种群、繁育群和推广扩大区构成的四级繁育推广体系。大通种牛场建立种公牛站，对后备种公牛进行筛选。一般分为4步，即试选、初选、复选、终选。试选，犊牦牛出生后不久，根据校正后胎次、初生重，参考亲本的体型外貌和生产性能进行试选，留种率为90%；初选，为0.5岁时，对试选的公犊牦牛，根据入冬前个体发育、体型外貌进行初选，留种率为50%～70%；复选，此时的18月龄公牦牛在经过一个暖季换毛后，基本确定了外形特征，此阶段为关键选择阶段，因为漫长的冷季考验了个体的抗逆能力，并且牧草营养相对较好的暖季也为个体表达其生长发育速度的差异提供了机会，此阶段选种准确性较高，留种率为40%；终选，公牦牛2.5～3.5岁时，有计划地将筛选出来的公牛投入基础繁殖母群中进行试配，根据其体格发育、外貌特征、性欲强度、后代表现（包括有无遗传缺陷）等进行最后阶段的选留，留种率为40%。经过以上4个步骤的强化选择，最终留种率为9%～12%，平均留种率为11%。

对野牦牛和家牦牛从遗传、生理生化、数量质量性状遗传表现、各自的繁育方式等方面进行全面研究后，确定采用低代牛（F_1）横交理论开展牦牛育种工作。选择特一级公牛和二级以上的母牛组成F_1核心育种群，进行横交固定。为了使横交牛在体型外貌方面快速达到一致，适度利用了近交。2004年，在育种场已培育出体型外貌基本一致、生产性能高、品种特性能稳定遗传的理想型三世代、四世代新品种牦牛2 200头，特一级公牛150头，建立了22群育种核心群及公牛档案。

为了加强核心群的管理，提高种牦牛质量，专门制定了核心群标准管理办法，包括《野牦牛驯化与冻精生产技术规范》《大通牦牛人工授精技术规范》《大通种牛场牦牛育种规划及实施细则》《大通牦牛胚胎移植技术操作规程》《牦牛改良冷配技术员岗位责任制及冷配技术规范》等一系列规范和标准。

随着百万牦牛复壮工程的不断深入，在科技部农业科技成果转化资金项目、农业部丰收计划、农业部重大科技成果推广项目、甘肃省科技重大专项等的持续支持下，多年来，大通种牛场的技术人员已制作大通牦牛冷冻精液达100万支，冷冻精液辐射至青海、西藏、新疆、甘肃、四川、云南等地。2006—2016年，"大通牦牛冷冻精液"被列入农业部唯一的牦牛冻精良种补贴项目。大通牦牛年改良牦牛约30万头，覆盖率达我国牦牛产区的75%，有力地推动了广大牧区引种改良的积极性，促进了大通牦牛新品种的快速推广，提高了牧民饲养良种的意识，提高了牦牛的养殖效率和养殖技术水平，对改良当地牦牛起到了示范作用。

大通牦牛新品种选育和养殖技术的集成示范与推广作用，进一步增强了牦牛产业的科研和开发能力。多年来，科技人员通过边研究、边选育、边推广，与相关各大专院校、企业在多学科多层次联合开展了大通牦牛种群扩繁与选育技术、牦牛提质增效关键技术、牦牛繁殖新技术、牦牛生产性能测定技术、牦牛种畜遗传评估技术、牦牛主要疫病安全预警与防控技术、牛肉安全预警与品质控制技术、发挥放牧牦牛生长潜能的饲养技术、大通牦牛补饲及饲养管理技术等多项研究，形成牦牛选育、饲养管理成套技术并示范推广。在青海乌兰、共和、海晏、刚察 4 个示范县建立了 14 个牦牛养殖新技术示范基地和 5 个大通牦牛推广示范村，示范规模达 75 000 头。通过技术培训，提高了牦牛养殖技术队伍整体素质，提高了农牧民牦牛养殖技术水平。

第四章
大通牦牛品种选育

第一节　大通牦牛纯种选育

牦牛的纯种选育就是在一个牦牛品种或种群内，通过对公、母牦牛进行选种选配、品系繁育和改善其饲养管理条件等措施来进一步改善牦牛的生产性能和体型外貌的一种育种方法，是开展牦牛新品种培育的重要措施。主要目的是对一个牦牛品种的优良特性进行保持和发展，增加该品种种群内优良个体的数量，不断对品种的缺点进行改善，从而使该品种的总体水平提高。

一、纯种选育的必要性

从世界牦牛分布地区的特点来看，牦牛主要分布在生态环境极其严酷的高寒高山草原。自从野牦牛被驯化以来，其与生活在当地的藏族牧民的生活文化、生产文化、生态文化息息相关。尤其是在生活文化方面，在终年放牧情况下可以为人类提供肉、乳、皮、毛、绒等畜产品，不仅满足当地牧民在衣食住行各个方面的需求，而且牦牛所产牛粪也是最佳燃料。

在同等生产条件下，牦牛品种的优劣直接影响当地牧民所获得的经济效益。但是由于牦牛驯化历史短，培育程度低，长期以来，由于自然和人为两方面的原因，其体重、体格及抗逆性都出现了不同程度的退化。陈晓德等（2005）通过对青海大通种牛场牦牛产业化经营中存在的问题进行调查发现，草畜矛盾日益突出，牦牛产业化发展缺乏动力，部分草场存在超载放牧的现象，进而造成了草地退化，草原上的生态平衡被打破。牦牛内部结构调整力度不大，母牛比例提升缓慢。造成这种现象的一部分原因是牦牛是在相对封闭的环境条件下生息繁衍，近亲繁殖导致了牦牛品种退化。所以，在当前情况下，要通过纯种选育来遏制牦牛退化，使牦牛产业向质量效益型转变。

二、纯种选育的原则

1. 明确选种目标

选育效果的高低在很大程度上取决于选育目标是否明确。选种目标的制订是牦牛进行纯种选育工作的前提。开展牦牛选育工作，如果没有明确的选育方向和目标，或者在选育过程中经常改变，那就不能达到预期的选育效果。选育目标应该根据经济发展的需要，考察当地的自然条件和社会经济条件，特别是农牧业条件，以及牦牛原有的优良特性和需要进一步改良的性状，综合加以考虑后拟订。在培育大通牦牛时，选择指标以生长发育速度为主，向肉用方向培育，增加活体重、胴体重，提高屠宰率、抗逆性。

2. 辩证地对待数量和质量

大通牦牛的质量不仅表现在生产性能上，而且要表现在优良的种用价值上，即具备较高的品质纯度和遗传稳定性，杂交时能够表现出较好的杂种优势，纯繁时后代比较整齐、不出现性状分离现象。如果大通牦牛群体中种公牛的数量太少，选育效果就会受到影响。牦牛的数量和质量之间存在着辩证关系，必须全面兼顾，才能使大通牦牛的纯种选育达到预期效果。

3. 选种选配相结合

在进行牦牛品种培育时由于牦牛的个体来源相同、饲养管理条件基本一致、群体较小等各方面的原因，即使牦牛群体内没有近亲繁殖，也会得到与近亲繁殖相似的不良效果，出现后代抗病力减弱、体型变小、生长速度变慢、生产性能降低等近交衰退现象。因此，在实施牦牛纯种选育时必须兼顾对牦牛群的选种和选育，并将两者相结合，以此来保持和提高牦牛品种的生活力及生产性能。

4. 突出主要性状，以提高生产力水平为主

牦牛的生产性状在一般情况下是由多个性状组成的，在进行纯种选育时需要同时对多个性状进行选择。如在大通牦牛选育中，除了需要将产肉性能作为主要选育性状外，还需要对乳用、毛用性状进行选择。但是，在对多个性状进

行选择时一定要注意突出主要性状，而且同时进行选育的性状数目不应过多；否则，会影响遗传改良的速度。

5. 改善培养条件，提高饲养管理水平

根据遗传学的理论，生物任何性状的表型都是在遗传和环境的双重作用下产生的结果。当家畜处在较差的饲养环境下时，家畜原本的优良基因的作用也无法表现出来。对于牦牛来说也是如此，没有良好的培育和饲养管理条件，即使牦牛的品种再好也会逐渐退化，再高的选育水平也起不到应有的作用。牦牛的产奶、产肉性能与其他处在低海拔的牛种相比偏低，一方面是由遗传因素引起的；另一方面与牦牛生存的自然条件和长期粗放的放牧饲养管理有着密切关系。因此，在进行大通牦牛纯种选育时，必须相应地改善牦牛的培育和饲养管理条件，以便使大通牦牛的优良遗传特性得以充分发挥。

三、纯种选育目标

大通牦牛的选育工作主要是利用野牦牛的遗传基因来改善家牦牛群体的生产性能，培育出产肉性能高、繁殖性能高、抗逆性强，体型外貌与毛色高度一致，遗传性能稳定的含野牦牛基因的牦牛新品种。大通牦牛培育主要的育种指标是体重、产肉性能、繁殖性能、遗传性能，使大通牦牛成为青海地区的优势畜种，为当地牧民创造更大的经济价值。

四、纯种选育技术方案

1. 野牦牛杂交育种

野牦牛是青藏高原现存的珍贵野生牛种之一，在夏季可以到海拔 5 000m 以上的高山草场觅食，喜爱群居生活，经过了数代严酷的自然选择，而且由于闭锁繁育的原因使基因纯化，体躯高大健硕，生长发育较好，具备强大的生命力、抗逆性，对青藏高原上恶劣的自然环境具有极强的适应能力。家牦牛是人们对野牦牛进行驯养而来的，长期养殖生产中没有很好地选育，种群质量退化严重，体重和增重速度等主要遗传性能明显低于野牦牛。所以野牦牛与家牦牛杂交可以表现出更大的变异和显著的选择差，对家牦牛产生明显的改良效果。基于以上认识，将野牦牛的遗传资源作为育种父本，可以开展目标明确、技术配套的牦牛新品种育种工作。

2. 应用低代牛（F₁）横交理论建立育种核心群

在大通牦牛育种过程中，科技人员研究了家牦牛、野牦牛数量质量性状遗传表现和各自的繁育方式，综合考虑各方面因素，最终确定了采用低代牛（F₁）横交理论来进行牦牛育种工作。陆仲璘等（2005）组建了 4 个横交试验群，然后主要以青海大通种牛场的横交群为重点经过了系统测定，经过 2 年的观察和测定，得出以下结论：F₁代横交牛在初生重、6 月龄重、日增重、胸围、体斜长等方面显著高于家牦牛，并且与 F₁代牛之间几乎不存在差异，这就说明野牦牛×家牦牛的 F₁代横交牛仍保持了野牦牛×家牦牛的杂交优势。而且，从另一方面也进行了组织代谢和肺组织的比较研究，进一步从代谢类型和组织方面证实了 F₁代横交牛继续保持了高寒少氧环境的良好适应能力。因此，应用低代牛（F₁）横交理论建立育种核心群，对于大通牦牛的纯种选育至关重要。

3. 野牦牛驯化和利用

制定了野牦牛驯化与饲养管理细则和规范，对捕获的野牦牛采取一系列措施进行调教和驯化，以利用野牦牛的精液为目标，成功地驯化了野牦牛，使其成为对家牦牛进行改良的种用公牛，制作了野牦牛冷冻精液。利用野牦牛的遗传资源培育牦牛新品种开创了牦牛育种工作的先河。杨博辉等（2005）建立了可以进行良性运作的野牦牛遗传繁育基地，建成了每年可以生产 2 万支冷冻精液的保存库。在大通牦牛培育过程中，科技人员在青海大通种牛场建立了世界上第 1 个牦牛公牛站和牦牛种畜场，牦牛的人工授精受胎率达到 82%。

4. 确定主要育种指标

（1）大通牦牛新品种的体重与产肉指标　见表 4-1。

表 4-1　大通牦牛新品种的体重与产肉指标

月龄	体重（kg）	胴体重（kg）	屠宰率（%）
初生	13～14	—	—
6 月龄	公：85	38.25	45
	母：80	36.00	45
18 月龄	公：150	67.5	45
	母：135	—	—
28～30 月龄	公：250	117	47
	母：200	—	—

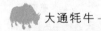

（2）大通牦牛第 1 胎产奶量及乳脂率指标　见表 4-2。

表 4-2　大通牦牛第 1 胎产奶量及乳脂率指标

胎次	150d 产奶量（kg）	日均产奶量（kg）	平均乳脂率（%）
第 1 胎	262.5	1.75	6.4

（3）繁殖力　大通牦牛青年牦牛的受胎率达到了 70%，而且大通牦牛在 18 月龄时体重达到 150kg 左右，便可以发情配种，并受孕。柏家林等（2005）对大通种牛场牦牛的发情受孕情况进行了统计，18～20 月龄中进行人工授精并且成功妊娠的母牦牛，占 8%～10%，24 月龄的占 25%～40%，24 月龄以上的占 47%～62%。

（4）体型外貌　大通牦牛的体型外貌在一定程度上取决于牦牛产业的生产水平。在外貌方面，野牦牛的特征在大通牦牛上具有明显的体现，鼻和眼睑部分为灰白色，并且具有一条灰色的背线，公、母牦牛均有角；在体型结构方面，紧凑偏向肉用型，体质结实，发育良好，毛色全黑或夹有棕色纤维，背腰平直，前胸开阔，肢高而结实。

第二节　大通牦牛杂交利用

在传统的家畜育种理念中，主要利用杂交获得杂种优势从而对公畜进行育肥，不具备育种方面的价值。但是世界肉牛产业不断发展，育种手段不断提高，建立了牛的杂交体系，许多具备高经济效益的新型肉牛品种成功培育，杂交公牛在特殊情况下所具有的育种价值逐渐引起人们重视。目前，杂种优势在牦牛生产中得到了广泛应用，而且获得了显著的经济效益，已经成为牦牛育种工作的重要组成部分。

一、杂种优势利用的概念

随着杂交概念在牦牛育种工作中的扩展，杂种优势的概念也发生了变化。牦牛的杂种优势利用包括 2 个方面：种内杂种优势和种间杂种优势。充分利用杂交优势既包括对现有牦牛品种进行选优提纯，又包括杂交所用牦牛父本和牦牛母本的选择，以及对杂交工作的系统组织管理。同时，还要考虑繁殖力的提高和杂种的培育，以及对现有牦牛杂种的合理利用。总而言之，它是由许多技术和管理环节组成的一整套技术措施。

二、杂交利用的技术环节

1. 现有牦牛品种的选优

在牦牛育种工作中，要顺利开展牦牛的杂交工作，获得显著的杂种优势，对现有的牦牛品种进行选优复壮是一个最基本的环节。因为，牦牛品种间基因纯合的程度虽然比较高，但是在生产性能上所具有的优良基因种类少、频率低，在进行杂交时可以表现出优良性状的基因就更少。因此，要通过选优和复壮对牦牛进行筛选，使牦牛品种在优良、高产基因上纯合子的基因频率尽可能地提高，个体间存在的差异减小，才能在杂交时产生更大的杂种优势。

在大通牦牛培育过程中，主要是对育种牦牛的母本个体进行选优复壮，选择家牦牛作为母本，以生产性能和繁殖性能为指标筛选出适合培育后代的母本家牦牛个体，组成母牛选育核心群。

2. 杂交所用父本母本的选择

在牦牛的杂交利用中，一般选用本地的牦牛作为母本，因为当地的母本数量多，适应力强，利于在本地区基层进行推广。杂交亲本的选择实质上就是对父本的选择，而在对父本进行选择时，主要考虑以下几个问题：一是要选择与本地牦牛品种分布地区距离较远，来源差别大，基因纯合程度较高的牦牛品种作为父本；二是要选择与杂种类型相似的品种作为父本。

在进行大通牦牛培育过程中所用的父本是野牦牛。阎萍等（2005）对野牦牛的种用价值进行了探索研究，发现从体型外貌上看，野牦牛属于高原肉用牛体型，而且鉴定了野牦牛公牛的精液品质和受胎率，发现野牦牛公牛具有高繁殖力的特性。同时，对野牦牛的血液生化遗传特性进行了研究，发现野牦牛对所处的环境发生较大变化时不敏感，甚至与其他哺乳动物相比在相同的条件下反应迟缓，说明了野牦牛长期以来在恶劣的生态环境下形成了较强的生理生化指标的适应性，而且野牦牛长期以来经过闭锁繁育基因纯合，所以被选择用来进行大通牦牛的培育。

3. 杂种牛的培育

在获得杂种牦牛后代后，杂种优势的有无或者优势的大小程度，除了受杂交亲本遗传基础的影响外，与所处的环境条件也有密切关系。即使是同一个杂交组合，在不同的培育条件下，所表现出来的杂种优势也不一样。所以，应该根据杂种后代和亲本的要求，制订出合理的培育计划，尽量满足培育条件，才能做好杂种优势的利用工作，发挥出杂种牦牛的增产潜力，提高牦牛的生产性能。

三、杂交利用效果

大通牦牛是第1个世界上在高寒的生态条件下成功培育的牦牛新品种。一方面，大通牦牛继承了父本野牦牛的体型特征和适应力；另一方面，又继承了母本家牦牛的肉品质特征、体格健壮。经过杂交获得了生产性能高、生长发育快，特别是产肉性能高、抗逆性强、繁殖性能好、体型外貌高度一致的遗传性能稳定的牦牛肉用型品种，已经成为青海地区肉牛产业中的当家品种。大通牦牛优异的抗逆性和对高寒草地的适应能力，深受广大牧民朋友的欢迎，得到了广泛认可。目前，大通种牛场每年可以给省外提供2 000余头大通牦牛种公牛，生产牦牛细管冷冻精液5万余支，已形成由种公牛站、核心育种群、繁育群和推广扩大区构成的四级繁育推广体系。

引进外来优良基因可以通过杂交改良来解决，同时杂交改良也是对牦牛品种的近交衰退问题进行缓解的主要技术手段。除此之外，杂交还可以将多个牦牛品种的优良特性聚集到一个牦牛品种，创造出亲本原来所没有的新的生产特性，提高后代的生产性能和繁殖性能。开展不同品种牦牛之间的种间杂交，是提高牦牛产业经济效益和实现可持续发展的重要途径。以下是几个牦牛品种通过与大通牦牛进行杂交产生的杂交改良效果。

1. 与甘南牦牛杂交

甘南牦牛是分布在甘南州海拔3 000m以上的高寒牧区的一个畜种，由于受当地自然环境、社会条件和文化条件的限制，不仅面临着选育程度低的挑战，而且个体的产肉性能也不高。由于过度放牧，草畜矛盾突出，生产经营管理粗放，近亲繁殖严重，品种极度退化，从而导致了出栏率低、出栏周期长，其生产性能急剧下降。因此，为了恢复和提高甘南牦牛品种的优良特性及生产性能，利用大通牦牛的冷冻精液，运用人工授精技术进行种间杂交来提高甘南牦牛的生产性能，加快出栏，增加牧民收入，使甘南牦牛养殖业向商品化方向发展，综合提高甘南牦牛经济效益。

包永青（2008）在甘南州的合作市研究了运用大通牦牛的冷冻精液对甘南牦牛进行种间杂交改良的效果，结果发现，其杂交后代生长发育快，肉、毛产量高，提纯复壮优势明显。比较了杂种犊牦牛与当地牦牛品种不同生长阶段的犊牦牛体重、体尺的变化，发现杂种犊牦牛比当地犊牦牛生长速度快，210日龄时杂种犊牦牛比当地犊牦牛体重提高了11.06kg。而且杂交一代体格健壮、紧凑、骨骼粗壮结实，头比家牦牛大、眼大有神。杂种一代性情活泼、行动敏捷，力量比家牦牛大。刚出生时，稍有野性，群居性稍差，但是随着与藏族牧民每天接触，群居性增强，在高寒阴湿的生态环境及放牧饲养管理条件下，有较强的适应性，生长发育良好。

2. 与当地牦牛杂交

在青海地区，当地的牦牛品种经过多年高度近交之后生产性能面临着品种退化的风险，要对生产性能进行改良和提纯复壮，减缓当地牦牛品种的退化速度，因此技术人员利用大通牦牛的冷冻精液与当地的母牦牛进行了二元杂交。王宏博等（2012）对当地牦牛和大通牦牛杂交后代的生产性能进行了统计和比较，比较的指标主要有生长发育速度、产肉性能以及改良后母牦牛的产乳性能和繁殖性能。杂交改良发现，改良 F_1 代牦牛初生重、6月龄和18月龄体重分别为12.89kg、50.94kg和90.04kg，比当地家牦牛各年龄段体重（初生重、6月龄和18月龄体重分别为11.55kg、43.98kg、81.87kg）分别增加1.34kg、6.96kg、8.17kg，体重比同龄家牦牛分别提高11.6%、15.8%、9.98%。在繁殖性能方面，受胎率、产犊率、犊牛成活率、繁殖成活率都有了不同程度的提高。通过运用大通牦牛对当地牦牛进行杂交改良，后代表现出很强的高山放牧能力，耐寒、耐饥和抗病能力也有了不同程度的提高，在体型外貌方面也具备了大通牦牛的特征。这也从侧面反映了大通牦牛遗传力稳定的特点，可以用来与当地牦牛进行杂交改良，且改良时提纯复壮效果显著。

青海省海北州门源县仙米乡畜牧兽医站在2016年引进了200头大通牦牛成年公牛，将牦牛分发给当地的牧民，利用自然本交方式培育，与当地6 500头母牦牛进行配种。2017年，技术人员随机对45头大通牦牛后裔以及45头本地牦牛犊牦牛进行初生重和体尺的测定。在做好标记的牦牛达到6月龄和18月龄时进行体重和体尺检测，并在2019年4月，从这90头牦牛中随机抽取20头进行屠宰试验。结果表明，在生长发育方面，改良后犊牦牛初生重为13.21kg，6月龄的体重达到了51.24kg，18月龄的体重达到了89.94kg，比青海环湖牦牛同期体重分别高0.66kg、6.26kg、8.97kg。在产肉性能方面，改良后代与青海环湖牦牛处在同样的生长环境和相同的饲养条件下，改良后代的产肉性能与青海环湖牦牛相比要高很多，胴体重增加了 8.08kg，屠宰率提高了 2.3％。发现大通牦牛对青海环湖牦牛的杂交改良效果较好，显著提高了青海环湖牦牛的生长发育状况，体格更加紧凑结实，体质更强，体重、胴体重、体尺、屠宰率都有明显提高，因此利用大通牦牛对青海环湖牦牛进行改良可有效推动当地牦牛业发展。

第五章
大通牦牛品种繁殖

第一节　大通牦牛生殖生理

牦牛作为青藏高原牧区的主要畜种和重要的生产生活资料，在长时间的自然选择下其形成了独特的体质构造和生理特性以适应高寒的特殊环境，形成了有别于其他牛种的繁殖特点。

一、公牦牛生殖生理

1. 结构及其功能

公牦牛生殖器官由睾丸、附睾、阴囊、输精管和精索、副性腺、尿生殖道与外生殖器组成，除了阴囊紧缩、皮肤多毛和与其生存的寒冷环境相适应外，其解剖组织学结构与其他牛种无明显差异。

（1）睾丸　牦牛的睾丸可以产生精子和雄性激素，成对的睾丸分别位于阴囊的 2 个腔内。公牦牛的睾丸小而紧缩，与普通牛明显不同，重量也远小于普通牛的，但是在组织学上与其他牛种相比没有明显区别。

（2）附睾　牦牛的附睾可以储存精子和促进精子成熟，位于睾丸的附睾缘，由 3 部分构成，分别是附睾头、附睾体和附睾尾。在胚胎时期，睾丸和附睾都在腹腔内，位于肾附近，在犊牦牛出生前后，睾丸和附睾一起下降至阴囊，此过程为睾丸的下降。如果牦牛的一侧或双侧睾丸没有成功下降到阴囊内，这种情况则称为单睾或隐睾，不具备生殖能力，也就不能够成为种畜。精子最后成熟的场所是附睾，精子在附睾中的运行过程中逐渐获得运动的能力和受精的能力。精子可以储存在附睾中，附睾内的环境呈弱酸性，其中含有弱酸性分泌物，渗透压高、温度低，精子在此场所中可以存活月余并且可以保持活力。附睾管可以进行精子的运输，对精液中可能出现的未成熟、衰老、死亡的精子具有分解和吸收的作用。

（3）阴囊　阴囊位于两股部之间，可以容纳睾丸、附睾及部分精索。在生理状况下，阴囊内的温度低于体腔内的温度，有利于睾丸形成精子。阴囊内肉膜和提睾肌通过收缩及舒张调节其与腹壁的距离来获得精子生成的最佳温度。

（4）输精管和精索　输精管是附睾管的延续，是运送精子的管道，管壁厚、硬而呈圆索状，牦牛的输精管长70～78cm。精索是包有睾丸血管、淋巴管、神经、提睾丸肌以及输精管的浆膜褶。牦牛的精索长20～24cm，精索的睾丸动脉长而盘曲，伴行静脉细而密。睾丸动脉和伴行静脉构成了精索的大部分，它们的主要功能是延缓血流和降低血液温度。

（5）副性腺　包括精囊腺、前列腺和尿道球腺。它的发育程度受性激素直接影响。在动物幼龄时去势就会导致动物腺体发育不充分，在性成熟后摘除睾丸，则腺体便会逐渐萎缩。副性腺的分泌物有稀释精子、营养精子、改善阴道环境等作用，有利于精子的生存和运动。

（6）尿生殖道与外生殖器　阴茎为雄性动物的交配器官，平时柔软，隐藏在包皮内，交配时勃起，伸长并变得粗硬。阴茎由阴茎海绵体和尿生殖道阴茎部构成，牦牛的阴茎长65～76cm。尿道兼有排精作用，故又称为尿生殖道，可以分为骨盆部和阴茎部（海绵体部）。海绵体层主要为静脉血管迷路膨大而形成的海绵腔，当海绵腔内骤然充满血液时，整个海绵体膨大，尿生殖道管腔张开，给精液造成自由通路。尿道肌具有协助射精和排出余尿的作用。

2. 精子

精子是公牦牛性腺分化出来的生殖细胞。在早期胚胎发育中，来自卵黄囊的原始生殖细胞迁入尚未分化的性腺，经过数次分裂形成性原细胞。这些性原细胞在初情期前迁入精细管并分化成精原细胞。

（1）精子发生　精原细胞在睾丸内分裂形成精子的全过程称为精子发生。精子发生是在睾丸的曲精细管（生精小管）中进行的，它包括精原细胞的增殖、精母细胞的生长和成熟分裂、精细胞和精子形成等发育过程。公牦牛精子还必须在附睾中进一步成熟。精子的发生在成年期是一个连续过程，所以精原细胞在发育成精子的同时，还必须完成本身的再生，以保持恒定的储备。精原细胞通过有丝分裂，增殖形成许多初级精母细胞，同时由于储备了相当数量的干细胞，使精子发生能持续进行。精子形成是指精子细胞经过复杂的形态变化最终形成精子的过程。变化主要包括形态和体积、核与细胞质的变化、顶体及线粒体鞘的形成、中心粒的发育和尾部的形成等。精子细胞由最初的圆形逐渐变成蝌蚪状的精子，并且脱离精细管上皮的足细胞，游离在管腔中。

精子在睾丸中形成之后，并不具有运动能力与受精能力，睾丸内的精子需在附睾运行过程中逐步获得运动与受精能力。附睾作为精子储存和成熟的器官，具有吸收、浓缩和分泌的功能，同时具有稳定的特殊内环境。睾丸产生的睾丸液进入附睾形成附睾液，构成精子成熟的环境。附睾的吸收与分泌作用，使睾丸液的成分不断改变，所以附睾各部分中液体的性质均各不相同。根据对各段附睾液的理化性质的分析结果可知，精子由附睾头向尾移行时，具有规律性的变化。所以精子在附睾的微环境中才能进一步成熟。一般认为，在附睾中精子获得运动能力，但有运动能力的精子未必一定具有受精能力。精子受精能力的消失比运动能力的消失要快。

（2）精子的形态结构　公牦牛的精子分为头、颈、尾 3 部分。在电镜下，尾部又可区分为中段、主段和末段 3 部分。牦牛精子形态与普通牛无明显差别，但经超微测定，牦牛精子头部长度比普通牛的短。正常的牦牛（家牦牛、野牦牛及半野血牦牛）精子和其他哺乳动物的精子一样，都是典型的鞭毛精子，头部长度分别为 $8.1\mu m$、$8\mu m$、$8.8\mu m$，头部最宽处的宽度分别为 $4.1\mu m$、$4.2\mu m$、$4.2\mu m$。尾部中段长分别为 $14.5\mu m$、$13.7\mu m$、$14.7\mu m$，主段长分别为 $49.7\mu m$、$54\mu m$、$52.4\mu m$，末段长分别为 $4\mu m$、$4.0\mu m$、$3.4\mu m$。牦牛的精子头部是倒卵圆形，前 2/3 处被顶体包裹，后 1/3 置于核后帽中，中间是致密的细胞核。颈部位于头部与尾部之间，起连接作用，从近端中心粒起到远端中心粒为止。牦牛的精子颈部结构复杂而精巧。牦牛的精子尾部位于颈部之后，是精子的运动器官，长 $40\sim69\mu m$，由精细胞中心小体发生的轴丝和纤丝组成。

（3）精子的生理特征　精子为了维持其生命，在体内、体外都要进行复杂的代谢活动。精子代谢的主要形式是糖酵解和呼吸作用。此外，也能分解蛋白质和脂质。通常受精能力和精子的运动能力有关，精子的运动能力是精子许多功能的一种直观表现。成功的受精和受精潜能，在很大程度上不仅依赖于精子数量和精子的存活率，而且还依赖于精子直线前进运动的质量。精子的运动是精子尾部的轴丝滑动和弯曲的结果。精子在运动过程中可能会出现凝集，引起凝集的原因主要有 2 种，即理化凝集和免疫凝集。理化凝集在繁殖实践中比较常见，如精液稀释、冲洗精子、冷休克、pH 及渗透压的改变和金属盐处理等。通常是头对头或尾对尾凝集在一起，造成精子的异常，使精液品质下降。精液中的柠檬酸钠具有抗凝集作用。精子具有抗原性，可诱导机体产生抗精子抗体，在有补体存在的情况下，这种抗精子抗体可抑制精子运动而发生凝集。

二、母牦牛生殖生理

1. 结构及其功能

母牦牛生殖器官由卵巢、输卵管、子宫、阴道、外生殖器组成，母牦牛的生殖器官与奶牛的有明显差别。牦牛在性成熟、初配年龄、发情和排卵方面也有别于其他牛种。

（1）卵巢　母牦牛的卵巢有 1 对，是产生卵细胞和分泌雌性激素的器官，即分泌雌激素以促进或抑制其生殖器官及乳腺的发育和排卵。牦牛卵巢位于骨盆前口的两侧，子宫角起始部及上方。未妊娠过的母牦牛，卵巢多位于骨盆腔内，在耻骨前缘两侧稍后。经产母牦牛的卵巢位于耻骨前缘的前下方。卵巢系膜较细小、紧缩、游离度小，因而卵巢距子宫角尖近，或紧挨子宫角，直肠触摸时较易触及卵巢。此外，卵巢还随着母牦牛的年龄、胎次和妊娠时间的变化而变化。在妊娠早期，母牦牛的黄体一般呈散在状，不凸出于卵巢面或凸出很小，临床检查时不明显。通过观察妊娠早期母牦牛的卵巢，发现在孕角一侧的卵巢上都有明显的黄体，而且在有黄体的卵巢上同时存在大小不等的多个卵泡。

卵巢的主要功能是产生卵子和雌激素。在卵泡发育过程中，包围在卵泡细胞外的两层卵巢皮质基质细胞形成卵泡膜。卵泡膜可分为血管性的内膜和纤维性的外膜。内膜可分泌雌激素。当体内雌激素水平升高到一定浓度，母牦牛便出现发情征状。由排卵的卵泡形成黄体后，黄体能分泌孕酮，当孕酮水平达到一定浓度时，可抑制母牦牛发情，孕酮是维持妊娠所必需的激素之一。

（2）输卵管　输卵管是位于卵巢和子宫角之间的 1 对弯曲管道。输卵管的长度为 16～21cm，直径为 0.4～1.6mm，有 10 个以上的弯曲，具备输送卵子的功能，是卵母细胞最后成熟、精子获能、受精以及卵裂的场所。输卵管左、右各 1 个，包埋于子宫阔韧带外侧层的输卵管系膜边缘里。母牦牛输卵管的组织结构与其他家畜相似。

（3）子宫　子宫是有腔的肌质器官，壁较厚，胎儿在此发育成长。子宫由子宫角、子宫体和子宫颈3部分组成。母牦牛的子宫角很发达，子宫体很短，子宫颈口几乎邻近角间纵隔，子宫颈环很明显。子宫几乎完全位于腹腔内，以子宫阔韧带附着于盆腔前部的侧壁上。子宫的背部邻近直肠，腹侧为膀胱，并与瘤胃背囊和肠管等相接触。妊娠时妊娠期的不同，子宫的位置有显著变化。

子宫壁由黏膜、肌层和浆膜构成。黏膜又称为子宫内膜，呈粉红色，在未妊娠时形成无数皱褶，由柱状上皮（有时有纤毛）构成。膜内有子宫腺，分泌物对早期胚胎有营养作用。子宫角和子宫体的黏膜除形成纵褶和横褶外，其上还具有卵圆形隆起的特殊结构，称为子宫阜或子宫子叶。妊娠时，子宫阜特别大，是胎膜与子宫壁相结合的部位。

子宫为精子获能提供条件，是胎儿生长发育的场所。子宫内膜的分泌物和渗出物以及内膜的生化代谢物，可为胎儿提供营养物质。子宫调控着母牦牛的发情周期，在发情季节，如果母牦牛未妊娠，在发情周期的一定时期，子宫内膜分泌的前列腺素有溶解黄体的作用，之后在卵泡刺激素和黄体生成素等激素的作用下，下一波卵泡开始发育。除此之外，子宫颈还是子宫的门户和精子的良好储存库。

（4）阴道　阴道是进行交配的器官，同时也是分娩的产道。母牦牛阴道的平均长度为16.75cm，阴道基本呈圆筒形（上下略扁），直径平均为8.87cm，与子宫体粗度相似。位于盆腔内，背侧为直肠，腹侧为膀胱和尿道，前接子宫，后连尿生殖前庭。阴道壁的外层，在前部被覆腹膜，后部为由结缔组织构成的外膜，中层为肌层，由平滑肌和弹性纤维构成，内层为黏膜。

（5）外生殖器　外生殖器包括尿生殖前庭和阴门。尿生殖前庭是交配器官和产道，也是排尿的必经之路。它是左右压扁的短管，前接阴道，后连阴门。牦牛的前庭腺可以分泌黏液，交配和分娩时分泌量增多，具有润滑作用。此外，还含有吸引异性的气味物质。

阴门又称为外阴，为母牦牛的外生殖器，位于肛门下方，以短的会阴部与肛门隔开。阴门由左、右阴唇构成，在背侧和腹侧互相连合，形成阴唇背侧连合和腹侧连合。在两阴唇间的裂隙，称为阴门裂。牦牛阴门平均长度（指上下长度）为6.3cm。阴蒂位于阴门裂的下角内，它与雄性动物的阴茎是同源器官，由海绵体构成。

2. 发情周期

(1) 发情周期的概念 母牦牛自第 1 次发情后，到性功能衰退之前，生殖器官及整个有机体便发生一系列周而复始的变化，发情季节及妊娠期除外。如果没有配种或配种后没有受胎，则每隔一定时期便开始下一次发情，周而复始，循环往复。母牦牛的发情季节性强，局限在几个月之内。发情周期的长短因为品种和地区的差异而有所不同，平均为 21d。权凯（2004）在大通种牛场对 82 头母牦牛 98 个发情期进行观察，结果发现，发情周期平均为 21.3d，与其他牛种相似。一般壮龄、膘情好的母牦牛发情周期较为一致，老龄、膘情差的母牦牛发情周期较长。

(2) 发情季节 牦牛在发情季节发情时，在没有较大环境变化的条件下，如果没有配种或配种后未受胎，可出现多个发情周期。母牦牛在发情季节内第 1 次受精后妊娠的比例比较高，如由公牦牛本交，往往一次配种即妊娠，很少有返情而重配的。因此，抓好第 1 次发情的配种工作，对提高母牦牛的繁殖率具有重要意义。母牦牛发情配种集中在 7—9 月。6 月以前和 10 月以后发情的母牦牛很少，产犊则集中于 4—6 月。但是由于母牦牛的发情受温湿度等因素的影响比较大，往往因环境因素不利于发情而推迟发情，延长发情周期，甚至不发情。如环境因素有利于母牦牛发情，母牦牛体质、体况也好，往往可以提早发情。

(3) 发情周期阶段的划分 根据母牦牛的生理和行为变化及发情特征可以把发情周期分为 4 个阶段。母牦牛的发情周期受卵巢分泌的激素的调节，因此根据母牦牛的精神状态、对公牦牛的性反应、卵巢和生殖道变化情况可将发情周期分为发情前期、发情期、发情后期和间情期 4 个阶段。这 4 个时期，是一个渐变过程，并不是截然分开的。

发情前期是发情的准备期，如果以发情症状开始出现为发情周期的第 1 天，则发情前期相当于发情周期的第 16～20 天。母牦牛有公牦牛或犏牛追随或母牦牛之间相互爬跨等现象，大部分持续 1～5d 后即开始发情。

发情期是发情特征的充分表现期，母牦牛的主要特征为精神兴奋、食欲减退；子宫充血、肿胀，子宫颈口肿胀、开张，子宫肌层收缩加强、腺体分泌增多；阴道上皮逐渐角质化，并有鳞片细胞（无核上皮细胞）脱落；外阴充血、肿胀，并有黏液流出；性欲强烈。

发情后期是发情症状逐渐消失的时期，母牦牛精神由兴奋状态逐渐转入抑制状态。黏液分泌量减少而变黏稠，黏膜充血现象逐渐消退，子宫颈口逐渐收缩、关闭。阴道表皮上层脱落，子宫内膜增厚，子宫腺体开始发育。母牦牛拒绝爬跨，其精神和采食恢复正常，外阴肿胀逐渐消退，阴道黏液变稠。

间情期，又称休情期，是发情周期中最长的时期。这个阶段，母牦牛完全无性欲，精神恢复正常。若妊娠，则进入妊娠期，母牦牛不再发情。在间情期后期，增厚的子宫内膜回缩，呈矮柱状，腺体变小，分泌活动停止。若未妊娠，黄体发育停止，并开始萎缩，孕激素分泌量逐渐减少，母牦牛进入下一次发情前期。

3. 卵泡发育与排卵

（1）卵泡的发育　卵泡是位于卵巢皮质部、包裹卵母细胞或卵子的特殊结构。动物在出生前，卵巢上便含有大量原始卵泡，出生后随着年龄的增长而不断减少，多数卵泡中途闭锁而死亡，少数卵泡发育成熟而排卵。初情期前，卵泡虽然可以发育，但是不能成熟排卵，当发育到一定程度时，便退化萎缩。初情期后，卵巢上的原始卵泡通过一系列的发育而成熟排卵。卵泡发育是指卵泡由原始卵泡发育成为初级卵泡、次级卵泡、三级卵泡、葛拉夫氏卵泡和成熟卵泡的生理过程。蒙学莲等（2002）的研究表明，牦牛卵泡和卵母细胞不同发育时期的结构变化与其他哺乳动物基本相似。

（2）卵泡的排卵　牦牛是典型的季节性发情动物，在发情季节，形成功能性黄体，成熟卵泡破裂后便自行排卵并自动生成黄体。在排卵前，卵泡体积不断增大，液体增多。增大的卵泡开始向卵巢表面凸出时，卵泡表面的血管增多，而卵泡中心的血管逐渐减少。接近排卵时，卵泡壁的内层经过间隙凸出，形成一个半透明的乳头斑。乳头斑上完全没有血管，且凸出于卵巢表面。排卵时，乳头斑的顶部破裂，释放卵泡液和卵丘，卵子被包裹在卵丘中而被排出卵巢外，然后被输卵管伞接纳。排卵后，破裂的卵泡腔立即充满淋巴液和血液以及破碎的卵泡细胞，形成血体或红体。血体进一步发育，形成黄体。黄体是机体中血管分布较密集的器官之一，其分泌功能对于维持妊娠和卵泡发育的调控起重要作用。

4. 妊娠和分娩

（1）妊娠　母牦牛发情配种后的受胎率，因繁育、配种方式和母牦牛体质、年龄、哺乳状况等的不同有很大区别。用野公牦牛与家母牦牛杂交，平均受胎率为 85.82%，明显比家牦牛大群自然繁殖的受胎率高。用野公牦牛冷冻精液进行属间杂交（野公牦牛×母黄牛）的受胎率高达 71.64%。母牦牛在配种妊娠后，下一情期即停止发情。目前，母牦牛早期妊娠诊断方法主要有直肠检查法和 B 超检查法。李福寿等（2014）在青海省天峻县对 41 头母牦牛人工授精后 2 个月进行妊娠诊断方法的比较，经 B 超检查发现 19 头妊娠，经直肠检查发现 21 头妊娠，2 种方法妊娠的符合率为 90.47%。母牦牛的妊娠期比普通牛种要短，一般为 255d（226～283d），其中怀公犊 260d（253～278d），怀母犊为 250d（226～283d），犏牛为 270～280d。

（2）分娩　绝大多数母牦牛在白天放牧过程中于牧地分娩，而夜间在系留营地分娩的极少，这可能与日照有关。临近分娩时，母牦牛会寻找一稍离大群的僻静处，以洼地、明沟土坑等作"产房"。分娩时多采取侧卧或站立姿势。因杂种犊牦牛大，分娩时间长，所以产杂种犊牦牛均取侧卧姿势。脐带是在母牦牛娩出犊牦牛后站立时自行扯断或站立分娩犊牦牛下地时扯断，极少发生犊牦牛脐带炎。犊牦牛娩出后经母牦牛舔舐 10min 左右即可摇摆着自行站立，随后就企图吃乳。母牦牛母性极强，往往因护犊而主动攻击人，尤其在分娩后不久，若接近新生犊牦牛，极易遭到攻击。母仔间感情的建立，主要靠母牦牛对娩出犊牦牛的嗅、闻和舔舐。这种行为对种族的延续具有重要的生物学意义。

三、性成熟和繁殖行为

1. 牦牛性机能成熟

幼年牦牛发育到一定时期时，开始表现出性行为，生殖器官发育成熟。性的成熟是一个连续过程。从广义上讲，出生后性功能发育的整个过程都是性成熟的过程，是一个动态的概念。性成熟期在初情期后的一段时间，牦牛到达初情期后，虽然可以产生精子和排卵，但是还没有达到正常的繁殖力，需要进一步发育才能达到完全性成熟。性成熟时，身体的生长发育尚未完成，即未到达体成熟。性成熟期与初情期有类似的发育规律，即牦牛品种、饲养水平、出生季节、气候条件等因素对性成熟期有影响。

生产实践中，大通牦牛公牦牛的性成熟期一般是 2～2.5 岁，母牦牛在 2.5～3 岁时达到性成熟。在此之前，虽然有发情表现并可以成功受孕，但是生殖器官尚未发育完全。

2. 初配年龄

初情期和性成熟期都是生理上的概念。牦牛达到性成熟期后，身体仍在生长发育，过早配种既不利于公、母牦牛本身的发育，又会影响其繁殖性能，使其繁殖力降低。因此，配种时还要根据个体的实际发育情况而定。一般来说，要在性成熟期后的一段时间，体重达到其成年体重的70%左右开始配种。在一般情况下，大通牦牛的初配年龄为2.5～3.5岁。在生产实践中，以3岁即生后第4个暖季的发情季节内初配。

3. 繁殖行为

在动物繁殖过程中，行为起着至关重要的作用，交配的成功和幼畜的成活都受行为的影响。动物在长期进化过程中形成了不同定式的繁殖行为。牦牛由于长期的家养驯化和条件限制，以及管理的需要，繁殖行为发生了一些不同于野生动物的变化，但作为遗传天性，仍保留了许多野牦牛的特征。如牦牛有别于其他牛种，有明显的发情季节，只有在发情季节才出现性行为。

母牦牛终年混群放牧，不到配种季节，公、母牦牛并不互相接近，公牦牛单独采食，只是在配种季节公、母牦牛才互相接近。母牦牛主要的发情征状是愿意让公牦牛跟随，接近闻舐外阴部，但拒绝公牦牛爬跨交配，这是母牦牛发情的初期表现。到了发情旺期，不但让公牦牛跟随，闻舐外阴部，并让其爬跨交配。发情初期阴户微肿，发情旺期从阴道里流出胶状透明黏液，阴道潮红，子宫颈口张开，举尾拱腰，排尿频数，但是没有其他牛种明显。母牦牛也有相互爬跨的现象，但发情时的表现比普通黄牛要安静得多。

公牦牛的交配行为与黄牛的基本一致，包括求偶活动、阴茎勃起和伸出、爬跨、插入、射精性冲插和射精，以及爬下动作。交配开始时，公牦牛在发情母牦牛一侧站立，先靠颌调情，或用嘴唇部舐舔母牛颈部、肩胛部或背部，再去闻舐外阴部，往返2～3次，出现伸颈露牙、上腭前端卷唇、微触颤抖半张口动作，并发出一系列有规律的声音。当公牦牛性兴奋增加时，通常出现有节奏的排尿动作，同时试着爬跨母牦牛，直到母牦牛静立不动；然后再去闻舐其外阴部，同时腰部上下闪动阴茎即出，母牦牛站稳后急速爬跨，当冲插动作进入高潮时，身体猛向前一跨即行射精。爬下后行短时休息，做第2次爬跨的准备。公牦牛在自然环境里表现出强悍的动作，发威姿态，赶走周围其他公牦牛。公牦牛的性兴奋比较强烈，尤其是在配种季节占有配种地位者，1d内经过多次交配也不会降低其兴奋性。

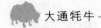

第二节 大通牦牛生物繁殖控制技术

一、同期发情技术

利用某些激素制剂人为地控制并调整一群母畜发情周期的进程，使之在预定的时间内集中发情的方法称为同期发情。这是 20 世纪 60 年代出现的一种家畜繁殖控制技术。利用这项技术可以使母牦牛集中发情、集中配种、集中妊娠、集中分娩，有利于组织生产和管理。

牦牛是季节性繁殖的家畜，发情受体况、气温、环境因素的影响比较大。因为许多激素制剂是调节活动期的卵巢，而不能诱导发育停止期的卵巢，因此在对牦牛进行同期发情时要选在季节性发情的 7—9 月。在这段时间，牦牛的体况、生殖器官处于最佳状态，同期发情处理效果相差不太明显，但是如果过早或过迟，因为气温低、牧草还没有长好、母牦牛体况差而导致发情效果不理想。同期发情的处理通常有口服、肌内注射和埋植等方法。在牦牛上，由于条件限制，一般采用肌内注射法进行同期发情。刘丽娟（2006）等论述了同期发情技术在牦牛生产中的研究成果，发现通过同期发情技术可以大幅度提高牦牛的受胎率和繁殖率。所以在培育大通牦牛的过程中，采取了同期发情技术来减少空怀母牛的数量，提高繁殖率。

二、冷冻精液技术

冷冻精液是利用液态氮（-196℃）作为冷源，将经过特殊处理后的精液冷冻，保存在超低温下以达到长期保存的目的。精液冷冻保存是人工授精技术的一项重大革新，它解决了精液长期保存的问题，使输精不受时间、地域和种畜生命的限制。冷冻精液的使用极大地提高了优良公牦牛的利用效率，加速了品种育成和改良的步伐，同时也大大降低了生产成本，使用冷冻精液人工授精受胎率可达 60%～80%。

中国农业科学院兰州畜牧与兽药研究所制订大通牦牛的培育育种方案时，把野公牦牛作为改良复壮家牦牛的种用公牛，采取驯化野公牦牛，然后制作野公牦牛的冷冻精液，进行人工授精时须将制作的野公牦牛冷冻精液解冻，这就需要成熟的牦牛冷冻精液技术来保证野牦牛的精子活率。牦牛冷冻精液技术的研究主要体现在精液稀释液成分比例的优化、寻找最佳的精液冷冻保存温度以及有效减少在精液解冻过程中对精子的损伤，保证精子活率。在大通牦牛培育过程中，中国农业科学院兰州畜牧与兽药研究所牦牛选育和利用课题组还制定了野公牦牛颗粒冷冻精液人工授精技术的操作规程草案，为新品种群体的扩繁奠定了良好的基础。

三、人工授精技术

人工授精是指采用器械采集公牦牛的精液，再用器械把一定量的精液输入发情母牦牛生殖道内，以代替公、母牦牛自然交配的一种配种方法。尽管家畜繁殖和遗传改良技术不断发展，人工授精仍然是迄今为止应用最广泛并最有成效的技术。人工授精的环节主要包括采精、精液品质的检查、精液的冷冻保存、精液的解冻和输精等环节。采精是人工授精的重要环节，做好采精前的准备工作，正确掌握采精技术，合理安排采精频率，是保证采得优质多量精液的重要条件。精液品质检查的目的在于鉴定精液品质的高低，以便确定配种能力；评估公牦牛的饲养水平和生殖器官功能状态；也是检验精液稀释、保存和运输效果的依据。输精是人工授精的最后一个技术环节，适时而准确地把一定量优质精液输入发情母牦牛生殖道内的适当部位，这也是保证得到较高受胎率的关键技术。

第三节　提高大通牦牛母牛繁殖力的途径和技术

繁殖力是母牦牛维持正常繁殖功能、生育后代的能力。对于种畜来说，繁殖力就是它的生产力。繁殖力是反映母牦牛生产水平最重要的指标，不断提高繁殖力，是发展牦牛业的关键措施，也是从事牦牛科学研究要解决的重大课题。母牦牛的繁殖力受遗传、环境和管理等因素影响，其中环境和管理包括季节、光照、温度、营养、配种技术等。除上述因素外，现代生物技术的应用也会提高母牦牛繁殖力。

一、繁殖力的评价指标

表示母牦牛繁殖力的指标有很多，现将几项主要指标分述如下。

1. 受配率

受配率是指受配母牦牛数占参配母牦牛数的百分比。在公、母牦牛比例合适，公牦牛配种能力正常的条件下，这项指标取决于母牦牛的发情率。也可以说，这项指标是反映母牦牛发情率的指标。受配率可用下式表示：

$$受配率 = \frac{受配母牦牛数}{参配母牦牛数} \times 100\%$$

2. 受胎率

受胎率是妊娠母牦牛数占受配母牦牛数的百分比。这项指标是由公牦牛的质量、精液品质和人工授精技术决定的。

$$受胎率 = \frac{妊娠母牦牛数}{受配母牦牛数} \times 100\%$$

可根据生产、科研和其他需要选择情期受胎率、第 1 次情期受胎率、总受胎率。其计算方法和结果都不同。

3. 繁殖成活率

是本年度育成的犊牦牛数（一般是到 6 月龄）占上年参配母牦牛数的百分比。它是牦牛繁殖的一项综合指标，受配率、受胎率、产犊率和犊牛成活率对这项指标都有影响。

$$繁殖成活率 = \frac{本年度育成的犊牦牛数}{上年参配母牦牛数} \times 100\%$$

4. 繁殖率

繁殖率通常是指本年度内出生犊牦牛数占上年度终（或本年度初）存栏适繁母牦牛数的百分比，主要反映畜群增殖效率。

$$繁殖率 = \frac{本年度内出生犊牦牛数}{上年度终存栏适繁母牦牛数} \times 100\%$$

5. 流产率

是指流产母牦牛头数占受胎母牦牛头数的百分比。

$$流产率 = \frac{流产母牦牛头数}{受胎母牦牛头数} \times 100\%$$

6. 犊牦牛成活率

是指出生后 3 个月时犊牦牛成活数占产活犊牦牛数百分比。

$$犊牦牛成活率 = \frac{出生后 3 个月犊牦牛成活数}{产活犊牦牛总数} \times 100\%$$

除此之外，还有空怀率、产犊间隔等，在一定情况下都可以反映出繁殖力和生产管理技术水平。

二、提高母牦牛繁殖力的技术

1. 母牦牛妊娠期补饲

母牦牛属于季节性发情动物，主要集中在气候温暖、牧草丰盛的暖季发情，对母牦牛进行人工授精之后，很快就进入了冷季，因此母牦牛妊娠期便有一段时间是在冬季。冷季牧草逐渐枯黄，满足不了母牦牛的营养需求，所以在进入冷季之前要根据当地的情况提前购买足够的饲草料，确保母牦牛安全地度过冷季。在母牦牛妊娠期间，要采用"放牧＋补饲"的方式进行饲养。要在冷季及时对母牦牛进行补饲，减少母牦牛掉膘，保证犊牦牛在出生时有一个较大的初生重。饲养管理的好坏，可以直接影响母牦牛的生产性能。而且在冷季进行补饲还可以合理解决高山草原牧草生产与牦牛生产之间的季节不平衡问题，使冷季牧场的储草量（加上补饲）与牛群的需草量大致平衡。补饲所用的饲草可以选用青干草、青贮草等牧区方便得到的饲草，条件允许时，可以补饲精饲料、矿物质舔砖等。

2. 犊牦牛全哺乳

母牦牛一般是在 3—5 月产犊，产犊后母牦牛所产的牛乳在一般情况下一部分用来供给犊牦牛，一部分被牧民卖掉。根据西南民族大学青藏高原研究院的文勇立等（2019）对牦牛泌乳量的估计，发现母牦牛在泌乳季节的日泌乳量为 1.53～3.06kg。当牧民过多地索取牦牛乳时，则剩下的牦牛乳满足不了犊牦牛的营养需求，严重影响犊牦牛的生长发育。因此，在大通牦牛培育过程中，犊牦牛刚出生时采用全哺乳来保证犊牦牛在一定时间内健康快速地生长，为犊牦牛后期适时断奶提供强有力的保障。

3. 早期断奶

在对犊牦牛进行全哺乳时，让犊牦牛跟随母牦牛在牧区进行游走采食。通常情况下，犊牦牛 2 周龄时就可以采食牧草，而且随着犊牦牛月龄的增加其采食量也随之增加，母牦牛的泌乳也逐渐不能满足犊牦牛生长发育的需要。犊牦牛 3 月龄时便可以大量采食牧草。在四川省阿坝州红原地区安添午等（2015）选择了 7 月底到 8 月初给犊牦牛断奶。原因主要有 2 个方面：一方面，犊牦牛到 3 月龄时断奶已经可以确保犊牦牛成活；另一方面，牦牛是季节性发情动物，7 月底 8 月初恰好是发情季节，犊牦牛早期断奶的母牦牛能在当年发情配种，这样能较好地解决母牦牛隔年一胎的问题，可使母牦牛的繁殖率提高到

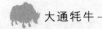

80%以上。

4. 准确的发情鉴定和适时输精

准确掌握母牦牛发情的客观规律，适时配种，是提高受胎率的关键。母牦牛的发情具有普通牛种母牛的一般征状，但不如普通牛种母牛明显、强烈。相互爬跨、阴道黏液流出量、兴奋性等均不如普通牛种母牛。一般来说，输精或自然交配距排卵的时间越近受胎率越高。准确的发情鉴定是做到适时输精的重要保证。母牦牛的发情鉴定主要采用外部观察法，输精主要采取直肠把握子宫颈输精法。母牦牛的人工授精技术要求严格、细致、准确，消毒工作要彻底，严格遵守技术操作规程。

第六章
大通牦牛常用饲料及饲料配方

第一节　大通牦牛常用饲料

大通牦牛的常用饲料一般由能量饲料、蛋白质饲料、粗饲料、青贮饲料、预混合饲料、牦牛营养舔砖这几类组成。

一、能量饲料

饲料干物质消化能大于 10.46MJ/kg 的饲料称为能量饲料，而干物质消化能超过 12.55MJ/kg 的则为高能饲料，这类饲料的干物质中粗纤维（CF）含量低于 18%，粗蛋白质（CP）含量低于 20%。在大通牦牛生产中常见的能量饲料主要为玉米、青稞，在能量饲料中，玉米占比高达 60%。同时，玉米也是牦牛补饲、育肥的重要原料。玉米不同的加工处理方法会影响牦牛对饲料的利用率。

能量饲料是牦牛的主要能量来源，但其蛋白质含量较低，品质较差，且必需氨基酸含量低，尤其赖氨酸和蛋氨酸缺乏，很难满足牦牛对蛋白质的需求，且能量饲料中矿物质的含量极不平衡，钙少而磷多，且大多都是机体不可利用的植酸磷，影响机体对其他矿物元素的吸收和利用；维生素含量也不平衡，维生素 B_2 含量不高，缺乏维生素 A、维生素 D，仅含微量 β-胡萝卜素。能量饲料一般占饲粮总量的 50%，占饲料原料成本约 75%。

二、蛋白质饲料

自然原料中含水量低于 45%，粗纤维含量低于 18%，粗蛋白质含量高于 20％的饲料称为蛋白质饲料。蛋白质饲料中的蛋白质含量极其丰富，且富含营养，对机体的消化吸收和利用有积极的促进作用。此外，蛋白质饲料中还含有一类未知生长因子，促进机体对营养物质的吸收，刺激牦牛生长发育，这是其他营养物质不可替代的。大通牦牛常用的蛋白质饲料有大豆饼（粕）、菜籽饼（粕）等，常用于混合饲料中，也是牦牛育肥、补饲的重要原料。

1. 植物性蛋白质饲料

此类饲料由油料籽实类、饼粕类及其他加工副产品制成。油料籽实类与饼粕类的最大区别在于其油含量高、蛋白质含量较低、一些有毒有害物质未除去及抗营养因子未灭活。在日粮中直接添加的目的是提高日粮浓度和过瘤胃蛋白量。

（1）油料籽实类　以豆类籽实为原料制成的蛋白质饲料中蛋白质的含量为 25％～45％，是以禾本科籽实为原料制成的饲料的 3 倍左右；其赖氨酸含量是以禾本科籽实为原料制成的饲料的 4～6 倍，蛋氨酸含量约是以禾本科籽实为原料制成的饲料的 1 倍。为提高过瘤胃蛋白量，可对全脂大豆进行适当的热处理（110℃，3min）。若大豆生喂，添加量需少于精饲料的 30％。要注意的是，不能与尿素混喂。

（2）饼粕类　大豆饼（粕），此类饲料的粗蛋白质含量高，为 35％～50％，尤其赖氨酸（Lys）在饼粕类饲料中含量最为丰富，且品质好，但蛋氨酸（Met）缺乏。大豆饼（粕）可替代犊牦牛代乳料中一些脱脂乳。同时，对各生长阶段（如犊牛期、生长期、哺乳期等）的牦牛的生长发育起促进作用。菜籽饼（粕），较其他饼粕而言，有效能低、适口性差。粗蛋白质含量高（34％～38％），钙磷含量较高，尤其是磷含量为 1.0mg/kg，是常用的植物性蛋白质饲料中最高的。菜籽饼（粕）中通常含有芥酸等有毒物质，故在牦牛日粮中的添加量应控制在 15％左右。

2. 其他加工副产品

目前应用较多的为玉米的加工副产品。

（1）玉米蛋白粉　玉米除去玉米外皮、胚芽、淀粉液和浸渍液体后得到的产品称为玉米蛋白粉。蛋白质含量因处理和条件、方法的不同而存在差异，介于 30％～65％。精饲料中通常添加 5％。

（2）玉米胚芽饼　经过胚芽榨油制成。粗蛋白质含量约为 20％，由于蛋白质品质好，制作成本低，在市场中较受欢迎，应用较多。通常在牦牛精饲料中添加20%左右，视情况而定。

（3）玉米酒精糟　分为3种，第1类为酒精糟经分离脱水干燥后所得，营养价值差；第2种为酒精糟滤液，在浓缩、干燥后所得，营养价值最高；第3种是前面2种混合而成，营养价值介于两者之间。3种产品中粗蛋白质含量相近（20%～30%），粗纤维含量为5%～12%。此类饲料的氨基酸含量不理想，不适合单独作为饲料中的蛋白质来源。在牦牛日粮中的用量不适宜超过15%。

3. 糟渣类饲料

此类饲料一般为淀粉及豆腐加工业的副产品。其含水量极高（80%～90%），蛋白质含量为20%～35%，维生素含量丰富。需要注意在给牦牛饲喂时，可能存在未除去、加工过程中产生的有害物质，应注意饲粮中的添加量。

（1）啤酒糟　鲜糟含水量高（75%以上），难以储存。干糟的蛋白质含量约为23%，纤维含量也较高，可替代饲料中某些饼粕类；鲜糟的日用量介于10～15kg，添加干糟的量不超过精饲料的30%。

（2）酒糟　营养价值因制酒原料的不同而有差异。酒糟蛋白质含量介于19%～30%，是相对较好的饲料原料，鲜糟饲喂量以15kg为宜。由于酒糟中乙醇含量较多，不适宜多喂牦牛，一般7～8kg/d。

（3）豆腐渣、粉渣等　此类饲料通常是豆科籽实类加工后所得，干物质中粗蛋白质的含量低于20%，粗纤维含量较高，影响饲料消化率，品质不高。此类含水量高的饲料，易在霉菌、腐败菌的作用下变质，储存时间不宜过长。

三、粗饲料

粗饲料以风干物形式饲喂，其天然含水量低于60%，干物质的粗纤维含量超过18%。这类饲料的营养价值不高，消化能低于10.5MJ/kg，消化率不超过65%。粗饲料的营养价值受饲料的品种、种植方式、地理环境、收获期，以及加工、储存方法的影响。大通牦牛常用的粗饲料有燕麦干草、青稞秸秆等，饲喂方法分为直接饲喂和裹包饲料饲喂。

1. 干草

干草指青绿饲料尚未结籽前，以日晒或人工干燥制成，此类饲料保留了青绿饲料大部分营养物质，是重要饲料之一。叶多，适口性好的干草可称为优质干草，蛋白质含量较高，胡萝卜素、维生素 D、维生素 E 及矿物质含量丰富。不同种类的牧草质量也有差异，禾本科干草粗蛋白质含量不高，而豆科干草的蛋白质含量较高。

干草是饲喂牦牛粗饲料的主要来源。目前，常用的豆科干草有苜蓿干草、沙打旺干草、草木樨干草等。干草在成熟早期营养价值非常高，含大量可消化粗蛋白质、胡萝卜素和钙。豆科干草的蛋白质主要集中在植物叶片中，在植物生长过程中蛋白质的含量介于 8%～18%。由于在瘤胃中，豆科干草的纤维发酵速率比其他牧草纤维更高，所以牦牛对其摄入量通常高于其他饲草。现蕾期收获的苜蓿，其干草粗蛋白质的含量高于 20%；初花期收获的苜蓿，其干草粗蛋白质的含量为 18%～20%。

禾本科干草的成本低，适口性好，主要有黑麦草、羊草披碱草、苏丹草、冰草、无芒雀麦等。干草间的品质差异大，最佳刈割期为孕穗晚期到抽穗期。抽穗初期刈割和调制后，粗蛋白质含量可高于 10%。禾本科牧草在种子成熟后刈割，刈割时间过晚，因缺乏刈割、翻晒、捡拾和打捆成套的收获设备等，造成品质差、适口性下降。

谷类干草有大麦、燕麦、黑麦等，归为低质粗饲料类，蛋白质含量和矿物质含量较低，木质化纤维含量高，适口性差。各类谷物中，可消化程度最高的是燕麦干草（粗蛋白质含量为 10%～14%），大麦干草次之，小麦干草最差。燕麦干草刈割的最佳时期为抽穗期，寒冷的北方地区为一年一茬，平原灌溉地一年可刈割两茬。

2. 秸秆

农作物收获籽实后的叶片、根茎等统称为秸秆。作物品种、收获季节影响秸秆中营养物质的含量。若仅利用秸秆饲喂牦牛会阻碍瘤胃中微生物的生长繁殖，影响饲料发酵效率，无法提供必需的微生物蛋白质和挥发性脂肪酸，所以难以满足牦牛对蛋白质、能量的需求。秸秆中必需微量元素缺乏，中性洗涤纤维（NDF）含量较低，且机体对秸秆的利用率很低。仅维生素 D 能满足机体需要而其他的维生素相对缺乏。

（1）玉米秸　玉米秸的粗蛋白质含量不高（约 6%），NDF 含量为 79%左右；同株玉米秸叶片营养价值较茎秆高，上部营养价值比下部高。玉米穗苞叶、芯，由于营养价值低而利用不多。

（2）麦秸　营养价值较玉米秸差，因木质素的含量很高而适口性差、消化率低、能量低，属于粗饲料中质量较差的一类。小麦秸蛋白质含量为4.4%，低于大麦秸，小麦秸的NDF含量为78%；春小麦秸优于冬小麦秸，燕麦秸的营养价值最高。该类饲料若不经处理，对牦牛没有利用价值。

（3）豆秸　大豆秸中的木质素含量为20%～23%，属于秸秆中含量较高的一类，所以适口性差、消化率不高，对牦牛的营养价值小。但其粗蛋白质含量和消化率均高于禾本科秸秆，豌豆秸和蚕豆秸品质更高。

3. 秕壳

籽实脱粒分离后产生的外皮、夹皮称秕壳。营养价值与同种作物的秸秆相近。

（1）豆荚　粗蛋白质含量为5%～10%，NDF含量为42%～50%，适于饲喂牦牛。大豆皮营养成分含量，NDF含量为45%～60%、粗蛋白质含量为11%～18%、泌乳净能为6.11MJ/kg，由于几乎不含木质素，故消化率较高。大豆皮可替代牦牛日粮中玉米及粗纤维的部分成分，作为粗饲料或作为能量来源，此法节约了饲养成本，从而提高经济效益。

（2）谷类皮壳　有稻壳、小麦壳、高粱壳、大麦壳和谷壳等。营养价值不如豆荚。稻壳在谷类皮壳中的营养价值最差。

四、青贮饲料

青贮饲料是一类含水量极高（65%～75%），用于饲喂反刍动物的常用饲料之一，将青绿饲料切碎后，密封、加入厌氧乳酸菌进行发酵，抑制各类杂菌的繁殖而制成的。青贮饲料的优点是较新鲜饲料易于储存，营养价值比普通饲料高，且适口性好。青贮饲料柔软多汁、气味酸香、营养丰富且能长期保存，是家畜的优良饲料之一。

1. 普通青贮饲料

乳酸菌在高度厌氧环境中进行大量繁殖，乳酸菌作用于淀粉、可溶性糖而产生乳酸，当乳酸浓度达到一定的值后pH降至4.0左右，便可起到抑制腐败菌生长的作用，这样制成的青贮饲料可长期保存。

青贮原料上的微生物可分为两类：有利于青贮的微生物、不利于青贮的微生物。乳酸菌对青贮有利，要求湿润的条件，有一定数量的糖类才可大量繁殖；腐生菌等微生物不利于青贮，大多为嗜氧、不耐酸菌类。青贮的最初几天乳酸菌的数量不多，远少于腐生菌，但四五天之后，腐生菌数量随氧气减少而下降，乳酸菌变为优势菌，数量随之增加，远多于腐生菌。乳酸菌作用于可溶性糖使之转变为乳酸，乳酸浓度积累达一定程度时就可抑制其他微生物活性，尤其是腐生菌在酸性、无氧的环境下会很快死亡。同时，pH 达 4.0 时乳酸菌的繁殖也会停止，青贮饲料得以长期保存。

在封闭的青贮饲料中，在几类厌氧菌对糖类的发酵作用下主要产生乳酸、醋酸、酪酸。虽然醋酸和酪酸对青贮饲料起到一些作用，但会产生强烈的刺激气味，不宜使用这两类酸。优质青贮饲料乳酸含量多，青贮饲料在乳酸菌作用下产生乳酸和乙醇，散发浓郁醇香的气味。植物的叶片上含大量乳酸菌，1g 叶片上多达 1 000 个。优质青贮饲料中，1kg 干物质可含 80g 乳酸。乳酸浓度越大，pH 就越低，杂菌数量就越少，青贮饲料的品质就越高，当 pH≤4.2 时，乳酸菌自身所产生的酸抑制了其自身的活动和繁殖，此时环境达到平衡。这时质量最优，且青贮饲料可长期保存下去。

2. 半干青贮饲料

原料经切割后进行干燥处理，将含水量降至 40%～55%。以此法处理后可将乳酸菌、酪酸菌及腐生菌进行干燥，限制它们的活性。故青贮过程中，微生物不能分解蛋白质，发酵功能不明显，有机酸产量低。虽然仍有些微生物可活跃于风干植株内，进行大量繁殖，但若处于高度厌氧的环境下，其生长活动受到抑制最终停止。因为半干青贮饲料是微生物在干燥时活性低下，生长繁殖受到限制的情况下制作的，所以青贮原料中糖分或乳酸数量的多或少、酸碱度高低都不影响这种青贮，所以其原料来源广泛，如豆科牧草等，通常不用于青贮的原料也可采用。

3. 裹包青贮饲料

常用机械制作的裹包青贮饲料为圆柱形，直径 55cm，高 65cm，体积 0.154m³，重量约 55kg。大型机械制作的裹包青贮饲料直径 120cm，高 120cm，体积 1.356m³，重量约 500kg。打捆好的草捆可用裹包机紧紧地裹起来，根据裹包质量选择裹包层数，一般 4～6 层。包裹后可以在自然环境下堆放在平整的地上或水泥地上，经过 4～6 周即可完成发酵过程，成为青贮饲料。裹包青贮技术相比传统堆贮、窖贮具有以下优点：一是裹包青贮饲料质量好、粗纤维含量低、消化率高、适口性好、采食量高；二是裹包青贮饲料原料多样、收割时期灵活，只要在适宜的收割期收割，晾晒后，在短时间内即可完成青贮制作；三是机械化程度提高，养殖户可根据各自的情况随时随地安排生产，减少劳动力投入；四是霉变损失、流液损失和饲喂损失均大大减少，降低成本；五是保存期长达1～2年，可缓解秋冬季饲草短缺问题，提高牧民养殖的积极性；六是储存方便，取饲方便，不受季节、日晒、降雨和地下水的影响，可露天堆放，易于运输和商品化（图6-1）。因此，裹包青贮是一种值得推广的技术，不仅加快了草、畜产业发展步伐，提高了饲草利用率，而且还促进了青贮加工产业化的发展。

图6-1 大通种牛场制作的裹包青贮饲料

五、预混合饲料

预混合饲料指添加剂原料与稀释剂搅拌均匀后制成的混合物，添加剂可有一种或多种，这样制成的饲料称添加剂预混合饲料或简称预混料。此类饲料利于将一些微量的原料与配合饲料均匀混合。预混合饲料是配合饲料的重要一环，配合饲料的饲用效果由预混合饲料所含的微量活性组分决定。但需要注意的是，预混合饲料不可直接饲喂家畜。

六、牦牛营养舔砖

牦牛营养舔砖是将牦牛所需的营养物质经科学配方和加工工艺加工成块状，供牦牛舔食的一种饲料，也称块状复合添加剂。中国农业科学院兰州畜牧与兽药研究所生产的营养舔砖见图6-2。营养舔砖中添加了牦牛日常所需的矿物元素、维生素等，维持牦牛机体内电解质平衡，防治矿物元素缺乏症，以补充、平衡、调控矿物元素为主，具有调节生理代谢、有效提高饲料转化率、促进生长繁殖、提高生产性能、改善畜产品质量的作用。

图 6-2　营养舔砖

1. 舔砖分类

牦牛舔砖的种类很多，一般根据舔砖所含主要成分来命名。例如，以矿物元素为主的称为复合矿物舔砖，以尿素为主的称为尿素营养舔砖，以糖蜜为主的称为糖蜜营养舔砖。我国地域辽阔，地区差异较大，不同区域、不同环境、不同季节牲畜的营养需求也不尽相同，对舔砖的需要也不一致，按成分区分一般分为营养型营养舔砖和微量元素型营养舔砖。以下为这 2 种类型舔砖的配比实例：

营养型营养舔砖：玉米 15%、麸皮 9%、糖蜜 18%、尿素 8%、胡麻饼 3%、菜籽粕 4%、水泥（硅酸盐水泥）22%、食盐 16%、膨润土 4%、矿物质预混合饲料 1%。

微量元素型营养舔砖：食盐（氯化钠含量在 98.5% 以上）56.09%、七水硫酸镁 26%、磷酸氢钙 11%、七水硫酸亚铁 3.09%、七水硫酸锌 1.22%、一水硫酸锰 1.26%、五水硫酸铜 0.49%、亚硝酸钠 0.47%、氯化钴 0.2%、碘酸钾 0.18%。黏合剂选用膨润土或糊化淀粉。

2. 舔砖的加工工艺

国内舔砖制备有浇铸法和压制法 2 种。由于压制法生产舔砖具有生产效率高、成型时间短、质量稳定等优点，因而被广泛采用。

（1）浇铸法　浇铸法所需设备和生产工艺较压制法简单。但浇铸法制作的舔砖成型时间长、质地松散、质量不稳定、生产效率不高。

（2）压制法　压制法生产舔砖是在高压条件下进行的，各种原料的配比、黏合剂种类、调质方法等直接影响舔砖压制的质量。近年来，国内生产的营养舔砖，大多以精制食盐为载体，加入各种微量元素，经150MPa/m²压制而成，产品密度高，且质地坚硬，能适应各种气候条件，可大幅度减少浪费，适于牛羊舔食。

3. 舔砖的主要原料和功效

（1）常见原材料及其作用　糖蜜是蔗糖或甜菜糖生产过程中剩余的糖浆。糖蜜的主要作用是供给能源和合成蛋白质所需要的碳素；糠麸是舔砖的填充物，起吸附作用，能稀释有效成分，并可补充部分磷、钙等营养物质；尿素提供氮源，可转化成蛋白质；硅酸盐水泥为黏合剂，可将舔砖原料黏合成型，并且有一定硬度，可控制牛、羊舔食量；控制食盐用量可调节舔砖的适口性和控制牛、羊的舔食量，并能加速黏合剂的硬化过程；矿物质添加剂和维生素可为牛、羊提供营养元素。

（2）舔砖的作用　大通牦牛饲养管理较粗放，特别是冬、春枯草季节，在补饲青干草、农作物秸秆和青贮饲料等粗饲料的情况下，即使补充少量的精饲料，蛋白质和矿物元素等营养物质摄取量也不足，常常导致营养失衡，牦牛易患病、生长缓慢、犊牦牛瘦弱、食欲减退、产奶量低、异食癖、皮毛粗糙不光滑；出现不孕、生殖力低下、生殖缺陷、流产、死胎等，给养殖户带来很大的经济损失。牦牛复合营养舔砖的使用可预防和治疗部分营养性疾病，以及提高日增重、产奶量、繁殖率、饲料转化率和免疫力。

（3）舔砖的应用注意事项

①牦牛生理状态、饲养方式、生产目标等情况不同，应选用不同类型的舔砖。

②使用初期，可在舔砖上撒少量精饲料（如面粉、青稞）或食盐、糠麸等引诱牦牛舔食，一般经过5d左右的训练，牦牛就会习惯舔食舔砖。

③保持清洁，防止污染。用绳将舔砖挂在圈内适当的地方，高度以牦牛能自由舔食为宜。

④舔砖以食盐为主，不能代替常规饲料的供给，秸秆＋舔砖≠全价饲料。牦牛舔食舔砖以后应供给充足的饮水。

⑤舔砖的包装袋等应及时妥善处理，防止污染场地或被牦牛误食。

（4）舔砖应用效果　牦牛饲喂舔砖，能提高饲草料利用率，对其健康、增重、产奶、繁殖等方面有促进作用,还可防治异食癖、皮肤病、肢蹄病等多种营养疾病。中国农业科学院兰州畜牧与兽药研究所科研人员研制了一种藏区牦牛专用并能有效提高其生产性能和抗雪灾能力的浓缩型复合营养添砖。舔砖除尿素、食盐外,还含有多种维生素、常量元素、微量元素等成分,结合青藏高原牦牛产区不同地域常量元素、微量元素的盈缺,弥补了天然牧草和秸秆饲料的营养不足,从而可提高饲料转化率,增加牦牛体重。研究表明,采用"夏季强度放牧+驱虫健胃+矿物质能量舔砖饲料"模式补饲3个月,育肥牦牛日增重最高达到497.50g,体重比对照组高15.05kg,产生了明显的经济效益。

营养舔砖是放牧家畜冬春季高效的补充饲料,可补充牧草中粗蛋白质、磷、硫等营养物质,发挥瘤胃微生物分解纤维素的能力,从而提高牧草利用率,促进牦牛健康、增重,提高产奶量和繁殖力,减少掉膘,防止成牦牛、幼牦牛死亡,增强其抗病和越冬能力,有效减少经济损失。同时,由于营养舔砖便于运输、储存和饲喂,在青藏高原广大的牧区具有巨大的推广潜力。

七、常用饲料能量含量及营养成分

牦牛常用青草的营养成分见表 6-1,干草的营养价值见表 6-2。

表 6-1 牦牛常用青草的营养成分（%）

名称	干物质	粗蛋白质	粗纤维	钙	磷
苜蓿	25.0	20.8	31.6	2.08	0.24
苕子	16.8	25.6	25.0	1.44	0.24
三叶草	19.7	16.8	28.9	1.32	0.33
紫云英	13.0	22.3	19.2	1.38	0.53
大豆	25.0	21.6	22.0	0.44	0.12
豌豆	15.2	14.5	28.3	1.84	0.4
蚕豆	12.3	17.9	28.5	0.65	0.33
青刈玉米	17.6	8.5	33.0	0.51	0.28
青刈燕麦	19.7	14.7	27.4	0.56	0.36
青刈大麦	27.9	6.5	27.2	1.31	0.60
苏丹草	19.7	8.6	31.5	0.46	0.15
黑麦草	16.3	21.5	20.9	0.61	0.25

（续）

名称	干物质	粗蛋白质	粗纤维	钙	磷
雀麦草	25.3	16.2	28.9	0.53	0.28
象草	20.0	10.0	35.0	0.25	0.10

表 6-2　干草的营养价值

名称	每千克干物质消化能（kJ）	每千克干物质可消化蛋白质（g）	粗纤维（%）	木质素（%）	灰分（%）	钙（%）	磷（%）
稻草	8 318	2.0	35.1	—	17.0	0.21	0.08
小麦秸	8 987	5.0	43.6	12.8	7.2	0.16	0.08
大麦秸	8 109	5.0	41.6	9.3	6.9	0.35	0.10
燕麦秸	9 698	14.0	49.0	14.6	7.6	0.27	0.10
玉米秸	10 617	23.0	34.3	—	6.9	0.6	0.10
粟谷秸	8 318	6.0	41.7		6.1	0.09	
大豆秸	7 775	14.0	44.3		6.4	1.59	0.06
豌豆秸	10 408	47.0	39.5		6.5		
蚕豆秸	8 151	55.0	41.5		8.7		
大豆荚皮	10 826	20.0	33.7		9.4	0.99	0.20
大豆皮	11 829	76.0	36.1	6.5	4.2	0.59	0.17
豌豆荚	12 498	63.0	35.6	0.6	5.3	—	—
燕麦颖壳	6 395	13.0	32.2	14.2	6.8	0.16	0.11
大麦皮壳	10 743	38.0	23.7	9.3		—	—
玉米芯	9 656	8.0	35.5	—	1.8	0.12	0.04
玉米苞皮	9 990	2.0	33.0	—	3.6	—	—

第二节　大通牦牛饲料配方

一、饲料配方设计原则

牦牛的饲料配方设计限制性因素较多，为了在生产中达到最佳饲喂效果，配方设计应当遵循以下 6 个原则。

1. 科学实用性原则

设计饲料配方需要了解某地区具有的饲料资源，依照此地的饲料品种、数量是否充足、饲料饲用价值、饲料理化性质，尽量做到饲料充足、品质好，且经济价值好。生产中可参考肉牛饲养标准，根据饲养实践中牦牛的生长发育表现或生产性能等具体情况调整饲粮配方。

2. 配料多样化原则

设计配方时为提高配合饲料的营养价值和全价性，要合理选择各类饲料进行搭配。例如，饲料中氨基酸的互补，使用玉米、高粱、棉仁饼、花生饼和芝麻饼进行搭配，对牦牛的饲养效果均不理想。原因是这些物质均缺乏赖氨酸，配合后的饲粮氨基酸不平衡，互补作用微弱。牦牛的饲养试验表明，玉米与芝麻饼配制的日粮、高粱与花生饼配制的日粮，均不如玉米与豆饼搭配的效果好，且结果相差甚远。虽然前两者搭配的饲粮蛋白质含量比玉米豆饼搭配的饲粮高出 1 倍，但效果仍不如玉米豆饼搭配的日粮好，日粮中蛋白质、赖氨酸虽然十分丰富，但除赖氨酸外的氨基酸相对过剩，而影响机体对氨基酸的利用率。

3. 经济性和市场性原则

饲料成本在生产消耗中占比可达 70%，若仅追求高质量，通常会付出高额成本。在制作饲粮配方时，必须考虑牦牛的生产成本以做好管理规划。因地因时制宜，利用当地的饲料资源，熟悉当地饲料品种、品质、数量等，降低成本。制作配方时应选择品质好价格较低的饲粮。也可利用成本低的几种原料进行搭配来代替成本高的原料，达到互补的目的。实际生产中，一般会选择饼粕类饲料与禾本科饲料进行搭配，或是饼粕类饲料与蛋白质饲料搭配配制饲粮等。实践证明，以上方法都可表现出较好的效果。

4. 可行性原则

制作配方时，选用的原料种类、品质是否优秀、购入价格及数目上都应与市场环境及企业能力适配。这些还要与养殖业的生产要求相符。此外，还需考虑加工是否可行。

5. 安全性与合法性原则

设计饲料配方时应严格依照国家标准及条例进行，如卫生指标、感观指标、营养指标和包装等。特别注意要严禁使用违禁药物和毒害物质。产品均要受到质量监督部门的管控。

6. 逐级预混原则

为了增加饲料中微量营养物质混合的均匀程度，原料产品中的用量低于

1%的成分，都需要先进行预混合处理。如硒，就必须先进行预混合处理。若混合的均匀度不够会影响牦牛生产性能，降低消化率，严重的可导致牦牛死亡。

二、饲料配方设计方法

饲粮配合指的是对饲料原料的用量、比例进行调整。设计饲料配方计算用量与比例，所采用的方法通常分为手工计算法和计算机规划法。手工计算法又有多种方式：有联立方程法、交叉法、试差法等。计算机规划法是利用相关软件对饲料配方进行设计与优化。

三、大通牦牛参考饲料配方

1. 犊牦牛

犊牦牛的饲养管理大致分为 2 个阶段：初生期（出生 1～5d）和哺乳期。初生期以初乳喂养，由于初乳中的营养物质较常乳丰富，尤其是蛋白质含量比常乳高出 4 倍，初乳中的白蛋白和球蛋白含量比常乳高出 10 倍，因此犊牦牛在出生后必须及早喂给初乳，越早越好，不可超过出生后 2h。

在哺乳期时，犊牦牛除喂给常乳外，还要逐渐补饲，植物性饲料具有促进胃肠和消化腺发育（尤其是对瘤胃的发育）的作用。补饲的饲料营养价值高，犊牦牛的生长发育随之加快。若营养水平低，犊牦牛生长发育速度则下降。大量补饲高营养饲料，犊牦牛生长发育虽然快，但影响瘤胃发育，且成本上升。进行补饲的前 10d，给犊牦牛饲喂优质干草，补饲 20d 后可以补喂多汁饲料，等到犊牦牛 2 月龄后可喂青贮饲料。

犊牦牛的饲料配方可参考的混合精饲料配方：玉米 34%，麦麸 28%，豆饼 32%，食盐 2%，骨粉 2%，添加剂 2%。

2. 育成牛

在枯草季节应补喂青贮饲料和优质青干草，并搭配混合精饲料。矿物质对于育成牛相当重要。添加适量的钙、磷，还要注意适当加入牦牛必需的微量元素。育成牛饲粮的主要饲料组成是青草、青干草等青贮饲料，每天喂料量应占体重的 1.2%～2.5%，优质青干草最佳。在此时期，适量的青贮饲料可完全替换青干草。替换比例由青贮饲料的含水量决定。含水量超过 80% 的青贮饲料替换干草的比例为 4.5∶1；含水量 70% 左右的替换比例为 3∶1。在牦牛生长阶段早期青贮饲料不宜使用太多，因为牦牛的胃容量不足，易影响其生长，尤其是低质青贮饲料不能多喂。

参考配方如下：玉米 62%，饼粕 22%，糠麸 14%，食盐 1%，骨粉 1%，每千克混合精饲料添加维生素 A 3 000IU。

3. 空怀母牦牛

为了保持母牦牛中上等膘情，提高受胎率，要对空怀母牦牛进行针对性饲养。母牦牛在配种前期过瘦或过肥常常影响其繁殖性能。如果精饲料过多而母牦牛又运动不足，会造成母牦牛过肥、不发情。但在营养缺乏、母牦牛瘦弱的情况下，也会造成母牦牛不发情。因此，在舍饲条件下饲喂低质粗饲料，在冬春枯草季节，应进行补饲。对瘦弱母牦牛配种前 1~2 个月要加强营养，补饲精饲料以提高受胎率。

参考配方如下：玉米 65%，麦麸 15%，糠麸 18%，食盐 1%，添加剂 1%。

4. 哺乳期母牦牛

哺乳期母牦牛以青粗饲料为主，尽量饲喂些青干草或青绿饲草。母牦牛每天需喂给其体重 8%~10% 的青草，喂给体重 0.8%~1% 的秸秆或干草。一定要补充矿物质和食盐，即每天要喂钙粉（磷酸氢钙或石粉）50~70g，食盐 40~50g，可以利用营养舔砖，保证充足饮水。

参考配方如下：玉米面 51.9%，麦麸 12%，豆饼类 30%，酵母饲料 4%，磷酸钙 1%，食盐 1%，微量元素和维生素 0.1%。

5. 妊娠母牦牛

母牦牛妊娠后，饲料要求是不仅要满足其自身生长发育的营养需要，而且还要满足胎儿生长发育的营养需要和为产后泌乳进行营养储备。母牦牛妊娠前几个月，胎儿生长发育较慢，故需要营养不多，饲料配方与空怀母牦牛相似。如果供应充足的青草，则不需补充精饲料。妊娠中后期要补充营养，尤其是妊娠最后两三个月，应按照饲养标准配合日粮，以青绿饲料为主，适当搭配精饲料，重点满足蛋白质、矿物质和维生素的营养需要，蛋白质以豆饼质量最好，棉籽饼、菜籽饼含有毒成分，不宜喂妊娠母牦牛；要满足机体对钙、磷的需要；维生素不足可导致母牦牛发生流产、早产、弱产，犊牦牛易患病，再配少量的玉米、小麦麸等谷物饲料即可，同时应注意防止妊娠母牦牛过肥，尤其是青年头胎母牦牛，以防止难产。

参考配方如下：玉米面 27%，糠麸 25%，豆饼 20%，麦麸 25%，骨粉

（贝粉）2%，食盐 1%。同时，每天添加维生素 A 1 200～1 600IU。

6. 采精公牦牛

繁育用的采精公牦牛，有严格的要求。大通公牦牛的体型外貌标准是眼大明亮有神、体躯高大、头大角粗、头粗重呈长方形、额面宽、嘴宽大、鬐甲高而较长宽、前肢端正、后肢呈刀状、体型结实、背腰平直、前肢开阔、四肢稍高而结实、体型结构偏向肉用型牛。所有公牦牛进站后，穿戴鼻环，系绳拴缰。公牛站内对饲养的大通公牦牛定期进行外貌鉴定和健康状况检查以及性能测定后，达不到种用标准和有性机能障碍的牛应及时淘汰。

公牦牛采精期在 6—10 月，这个时期昼夜应适当加强放牧。同时，归舍后，适量补充精饲料 2.5kg。精饲料配方：大豆 25%，青稞 35%，麦麸皮 20%，脱毒菜籽饼 19%，食盐 1%。同时，在采精前 2 个月，应适量补充牛乳，每天 1.2kg；鸡蛋，每天 4～6 个。适量添加维生素、矿物质等，满足其采精营养需要。

非采精期的喂料，除白天围栏牧场放牧外，多数时间以补充青干燕麦草为主。非采精期的日粮配方：大豆或豌豆 13.5%，青稞或玉米 40%，麦麸皮 25%，脱毒菜籽饼 20%，食盐 1.5%。青干草每天每头牛 15.2kg，精饲料饲喂 1.5kg，精饲料一次性喂给，同时饲喂胡萝卜和青叶莱 1～1.5kg，并适当添加维生素及营养舔砖自由舔食，保证公牦牛营养良好。

第七章
大通牦牛饲养管理

第一节 种公牦牛的饲养管理

一、育成公牦牛的饲养管理

1. 分群

由于育成公牦牛和育成母牦牛的生长发育特点差异较大，需要不同的饲养管理条件，且性成熟的育成公牦牛和育成母牦牛混养易发生乱配，影响生长发育，所以育成公牦牛和育成母牦牛应分群管理，单槽饲喂。

2. **穿戴鼻环**

公牦牛在断奶后应适应受牵引戴笼头，10月龄开始可穿戴鼻环，每天进行牵引训练，此法有利于让其养成温驯亲人的性格。穿鼻前对公牦牛进行保定，用碘酒消毒穿鼻钳和穿鼻部位，将穿鼻钳从鼻中隔正直穿过，再塞入皮带或木棍以防止伤口愈合。伤口愈合后先穿戴小鼻环，之后随年龄增长逐步更换为大鼻环。鼻环上有角带，角带上拴有2条系链，通过鼻环，分别系在左右两侧的立柱上。由于种公牦牛脾气较暴躁，因此一定要拴系牢固紧实，以防脱落而引起事故。鼻环最好选用不锈钢类较坚固的材质，且定期检查，若发现损坏现象，应立即更换。

3. 刷拭

为增加牦牛对人的亲和程度，育成公牦牛上槽后需每天刷拭1～2次，清洁牛体，预防疾病发生。

4. **按摩睾丸**

每天按摩睾丸2次，1次按摩6～12min，利于睾丸的发育、改善精液品质。

5. 试采精

育成公牦牛达到 18 月龄后应试着采精。每月采精 1～2 次，到 30 月龄开始增加采精频率，每周采精 3 次，检查采精量和精子品质，并试配一些母牦牛，观察后代有无遗传缺陷，再决定是否留作种用。

6. 加强运动

可让育成公牦牛加强舍外运动以提高身体素质，每次的运动时间应视天气情况而定，一般 1～2h 即可。舍外运动有利于锻炼育成公牦牛的肌肉，促进机体新陈代谢，防止过度肥胖。此外，还可提高育成公牦牛性欲和精液品质从而使生产性能得到有效提高。

7. 防疫

饲养过程中需要定期给育成公牦牛免疫接种疫苗，预防疫病的发生。

二、成年种公牦牛的饲养管理

种公牦牛的饲养管理过程中，任何环节都不可忽略。管理上的疏漏可能会影响种公牦牛的机体和性情，产生不利影响，严重的可致精液品质下降，甚至丧失种用价值。种公牦牛的饲养管理，往往对牦牛繁殖和改良有直接影响，所以需要遵循科学规范饲养管理种公牦牛的原则，以便为种公牦牛创造适合的环境，提高精液品质，延长种公牦牛的利用年限。

1. 种公牦牛的综合饲养管理

种公牦牛饲养管理是牛场生产过程中的重要一环，是提高种公牦牛精液品质的关键。种公牦牛的日粮需综合考虑，饲料的全价性决定着种公牦牛各类器官的正常发育，饲料中必须配给丰富且充足的蛋白质、维生素和矿物质，这直接影响精液的生成量和质量，且对种公牦牛的健康有积极影响。种公牦牛的营养需要要求日粮成分要种类多、品质好、易消化、适口性强，且青绿饲料、粗饲料、精饲料的比例要适宜。

种公牦牛的饲养，应注意以下几点。

（1）供给全价精饲料　精饲料由生物学特性好的植物制成，如由麦麸、玉米、小麦、豆饼等组成。采精频率高时，精饲料中可补加适量优质蛋白质饲料。

（2）供给优质青干草　饲养管理过程中要保证优质青干草的供给量。青贮饲料含大量有机酸，是生理碱性饲料，过量饲喂不利于精子产生和发育。长期饲喂过多或饲喂劣质的粗饲料，可导致种公牦牛的消化器官扩张使腹部松弛下垂，出现草腹的现象，影响种公牦牛健康而降低配种效能。饲喂过量秸秆（粗纤维摄取量过高）容易引起便秘，影响种公牦牛的性欲，所以需控制种公牦牛摄入青干草的量。

（3）合理搭配日粮　种公牦牛的日粮通常由青干草、块根类及混合精饲料组成。一般种公牦牛每天每 100kg 体重饲喂青干草 1kg，块根类饲料 0.5kg，青贮饲料 1kg，精饲料 0.5kg；或按每天每 100kg 体重喂给 1kg 青干草，0.5kg 混合精饲料。

（4）控制干物质摄入量　在配制种公牦牛日粮时，干物质摄入量在日粮中是一个重要指标。饲料摄入量以种公牦牛的实际体重和体况计算得到。

2. 采精种公牦牛的管理

进站后的公牦牛，应及时驯化调教，使其尽快熟悉养殖环境。同时，固定圈舍养殖，安排专人饲养，确保人牛固定时间相处，增加种公牦牛与人的接触时间，达到人牛亲和，消除种公牦牛对人的敌意，做到服从管理人员的指挥，逐步适应新的养殖环境。养殖管理人员，日常随时擦拭牛体，有利于种公牦牛温驯性格的养成。食槽、水槽要定期清洁，严格消毒。采精前后 1h，做到禁食禁饮。每天保证充足的运动时间。同时，注意定期修缮圈舍，以防止种公牦牛外逃，伤害到人畜，影响采精工作。

（1）采精期管理

①采精日。

8:00—11:00，归牧，由围栏草场赶回牛舍，饲喂精饲料及牛奶、鸡蛋，饲养员刷拭牛体，观察牛况。

11:00—14:00，休息，防晒乘凉。

14:00—14:30，准备采精，种公牦牛做采精前的运动。

14:30—16:30，采精。

17:00，采精完毕后，采精种公牦牛到围栏草场采食运动，饲养员对牛舍进行清扫、消毒。

②非采精日。

11:00—16:00，公牦牛回舍饲喂精饲料，刷拭牛体，观察牛况，防晒乘凉。

16:00 后围栏草场放牧，牦牛自由采食，饲养员对牛舍进行清扫、消毒。

（2）非采精期管理技术

10:30—15:30 在围栏草场放牧管理，饲养员清理牛粪、打扫卫生，按时清洗消毒。

15:30 返回牛舍。

翌日 10:30 饲喂精饲料和青燕麦干草，刷拭牛体，观察牛况。

第二节　母牦牛的饲养管理

一、育成母牦牛的饲养管理

1. 育成母牦牛的饲养

育成母牦牛在每个生长阶段表现出的生长发育特点、消化能力有所差异，所以在饲养管理上也不尽相同。

（1）断奶至 18 月龄　此期为育成母牦牛生长发育速度最快的阶段，体躯向宽深发育比较迅速，各类器官和第二性征的发育很快。由于犊牦牛期饲喂了较多的植物性饲料，前胃具备了较大的容积和较高的消化能力，但此时期生长发育对营养供给的需求非常强烈，仅靠采食并不能满足身体需求，应当给予充足的营养。为加强消化器官进一步发育且满足此时期牛体的营养需要，除了喂给优质的青粗饲料外，还应当补充适量的精饲料以满足营养所需。一般日粮中干物质大部分由青粗饲料提供，其余由精饲料提供，这样配成的日粮可提供丰富的蛋白质和能量。

（2）18 月龄至初次妊娠　此期母牦牛的消化器官近乎成熟，消化能力强，生殖器官也基本成熟，内分泌功能也基本完善。母牦牛在正常发育过程中长至30～36 月龄时体重为成年母牦牛的 75% 左右，随后生长速度逐渐递减，无妊娠负担与产奶负担。通常饲喂优质的青粗饲料即可满足育成母牦牛的营养需要。所以日粮主要由青粗饲料组成，既能满足营养需要，也能促进消化器官生长发育。通常每 100kg 体重饲喂青贮饲料 5～6kg/d。

（3）初次妊娠至第 1 次分娩　此时期母牦牛生长发育减缓，可以明显看到体躯向宽深发展，如果饲喂过量可能使母牦牛脂肪沉积，造成过肥，严重的可使母牦牛不孕或难产。这个阶段主要还是饲喂品质好的青贮饲料，配制的饲料要保证全价性、多样化，满足胎儿发育的营养需要，确保胎儿可以正常发育。在妊娠晚期，因为体内胎儿生长发育迅速，营养需求强烈，所以应当提高母牦牛日粮的营养浓度（即减少粗饲料，增加精饲料），可每天补充2～4kg精饲料，具体视情况而定。精饲料、粗饲料比一般以（25%～35%）：（65%～75%）为宜。若环境允许，最好以放牧为主，在牧草充沛的地区放牧，精饲料饲喂量可减少30%～40%，如放牧结束后母牦牛未饱腹，可补饲一些精饲料、青干草等。

2. 育成母牦牛的管理

（1）分群　性成熟之前分群，应当在6月龄之后，以防止早配发生。

（2）转群　按照母牦牛年龄及发育程度转群。通常进行3次转群（18月龄、30月龄、初配定胎后）。同时，给每头母牦牛测量体高、体尺、体重，淘汰未达到标准的母牦牛。

（3）加强锻炼　若采用舍饲的饲养管理方式，需保持每天2.5h的绕场运动。这对保持育成母牦牛的健康和提高繁殖性能有重要意义。

（4）按摩乳房　从分娩前3个月开始，每天用热毛巾按摩乳房两三分钟，刺激乳房的发育。按摩进行到该牛乳房开始出现妊娠性肿胀时停止，到产前1个月左右停止按摩。

（5）初配　母牦牛长至18月龄时应当根据其生长发育情况决定是否进行配种。初配前期应观察并记录母牦牛的发情规律，这有利于以后配种工作的顺利进行。

（6）防寒防暑工作　在夏季高温地区的牛舍做好防暑工作，冬季气温低于−10℃时需做好防寒工作。牦牛在热应激时的繁殖力大幅下降，若持续高温则体内胎儿的生长会受到严重抑制或导致流产，配种后30℃温度持续72h，会影响母牦牛妊娠，其主要原因是子宫内部温度升高影响胚胎的生存。

二、成年母牦牛的饲养管理

1. 提供充足的饲料

饲喂成年母牦牛的饲粮约占体重的3%，体重为250kg左右的母牦牛，有充足的牧草资源时，供应鲜草3kg/d。在青草资源比较匮乏的冬季，除利用一些冬青牧草外，还可在夏季牧草资源丰富时晾晒大量青干草并储存。通常每年制备越冬青干草500kg/头左右。

2. 补充精饲料

饲喂充足的粗饲料时，可以不进行补饲精饲料。但是母牦牛生产前后，处于哺乳期，或牧草缺乏、品质不好的情况下，需要补饲精饲料。尤其要注意补充粗蛋白质和微量元素等。

3. 水的供应

成年母牦牛产后 1 周内在水中加入适量的食盐以补充盐分。1 周后可喂给日常饮水，每天至少 2～3 次。

4. 发情观察

发现配种的适宜时期要早，这有利于提高母牦牛受配、妊娠、产犊的概率。主要观察母牦牛的外阴变化、精神状态和流黏液的情况，进而做出判断。

5. 加强护理

母牦牛在产后 2 周内，免疫力低且各器官仍在恢复过程中，乳腺持续发育，产奶量逐渐增加。因此，这个时期不仅要供给营养充足且易消化的饲料，还应注意对母牦牛的管理和护理，可以加快母牦牛的恢复与泌乳。

6. 牛舍环境

牦牛的生产不仅受温度的影响，还与湿度和通风等因素密不可分。高温高湿、低温高湿都不利于牛体健康与生产性能的发挥。生产实践中，牛舍应保持干燥与空气新鲜，做好通风工作。牦牛最适宜的温度为 15℃左右。

7. 避免中毒

饲喂母牦牛时严禁用有毒、变质、霉变的饲料，以防止中毒。

8. 做好记录

记录好母牦牛的配种、产犊时间和犊牦牛生长发育的各项数据。

第三节　大通牦牛犊牦牛的饲养管理

一、新生犊牦牛的护理

1. 接犊

母牦牛分娩时，先做产前检查，判断胎儿位置，看能否顺利分娩。胎位正的可尽量让母牦牛自然分娩，当发生难产时，应及时助产，需要注意的是不能强行拉出；否则，易对胎儿造成极大的伤害。

2. 清除黏液

犊牦牛出生后，应及时清除其口鼻处的黏液以防止黏液堵塞呼吸道，使其尽快呼吸，同时轻按肺部帮助呼吸。母牦牛在分娩后会立刻舔犊，若母牦牛未能及时舔犊可以食盐诱之。

3. 脐带消毒

犊牦牛产出后脐带通常会随之断裂。如果断裂位置正常，接生人员只需挤出脐带中的血液，并注意消毒（5％碘酒浸泡）即可。如果断裂位置距腹部过近，则需要用细线结扎处理脐带。如犊牦牛脐带在生产时未及时扯断，则应马上在距腹部10cm处剪断，剪断之后用碘酒浸泡消毒。

4. 尽早吃上初乳

初乳具备特殊的生物学特性，除具有较多的干物质、矿物质和优良蛋白质外，还含有溶菌酶和抗体蛋白，能杀灭多种病菌。初乳中的维生素和胡萝卜素含量高，能促进犊牦牛生长；酸度较高，可使胃肠处于酸性环境，不利于细菌繁殖，所以初乳覆盖在胃肠道壁上可杀灭细菌，并防止细菌进入血液。同时，也为犊牦牛提供了丰富的营养物质，为犊牦牛健康成长打下了坚实基础。另外，初乳中的铁盐含量也比常乳多1倍，有止泻作用，能帮助犊牦牛排出体内胎粪。犊牦牛出生后需在2h内吮吸到初乳（食用量约为体重的6％），再次喂乳应在出生后的7～8h内进行。犊牦牛通常随母哺乳。

二、犊牦牛的饲养

新生犊牦牛的牛舍需要温度适宜，地面要求柔软且干燥，尽早给犊牦牛饲喂初乳；母牦牛无法提供充足的母乳时，应选择人工喂养。

1. 采用全哺乳培育或代乳品培育犊牦牛

因为母牦牛的泌乳量不高，不能满足犊牦牛的营养需要，因此应尽可能采用犊牦牛出生2月龄内全哺乳，然后半哺乳加上代乳品及饲草喂养的方式进行饲养，此法可满足犊牦牛生长发育所需营养。

2. 及时补饲草料

出生2周后，开始给犊牦牛补饲植物性饲料，补饲植物性饲料不仅可以促进犊牦牛瘤胃的发育，而且还可以激发其育肥时的产肉潜力。投喂时注意，由于犊牦牛食道脆弱，需要食用优质幼嫩的青干草，可让犊牦牛自由采食。出生10d后，训练犊牦牛食用开食料。开始训练时可将开食料（15～25g）涂抹于犊牦牛的口鼻或放入奶桶内，诱导犊牦牛舔食。1～2月龄时投喂量渐渐增加。犊牦牛早期断奶能否成功取决于开食料采食训练成功与否，但要注意喂料不可过量。

3. 合理饮水

犊牦牛出生1周后可喂水，开始时可以将适量乳液混于水中诱导其饮用，在刚开始喂水的前 10d 喂温开水，10d 后提供正常饮水。

4. 断奶技术

在母牦牛妊娠晚期以及新生犊牦牛出生的 3 个月内，若未给予丰富的营养物质，会导致犊牦牛营养不良，不利于甚至阻碍犊牦牛生长发育。犊牦牛随母牦牛哺育时，传统断奶时间为 5～6 月龄，即在 3—4 月产犊后，哺乳到 8—10月。如因母牦牛营养不足、无乳可哺，则可自然断奶。但大多数未妊娠母牦牛到翌年 5 月牧草萌发后，随母哺乳犊牦牛继续哺乳 3～4 个月后才断奶。为提高母牦牛的配种妊娠率，提倡犊牦牛早期补饲草料，当年及早断奶。

三、犊牦牛的管理

犊牦牛及时断奶可以有效提高犊牦牛出栏率和母牦牛连产率。同时，还可以减少劳动力、降低犊牦牛养殖成本。此外，还可以充分促进犊牦牛消化器官的发育。给犊牦牛断奶时需要逐渐减少牛乳哺喂量。3 月龄左右时，犊牦牛就能啃食鲜嫩多汁的青草。5～6 月龄时，犊牦牛吃乳时间减少，采食青草量加大。这时即可断奶。在断奶初期，给犊牦牛补饲蛋白含量较少、青干草较多的犊牦牛开胃料。随着补饲时间的增加和犊牦牛瘤胃对饲草的耐受性逐渐加强，可逐步加大饲草料中粗蛋白质和脂肪的含量。同时，要给犊牦牛补充维生素 A、维生素 D、维生素 E，投喂营养舔砖。还要注意犊牦牛眼角结膜炎、犊牦牛腹泻以及消化不良等疾病的发生。

断奶后的犊牦牛实行分群放牧。牛群规模因草场面积、管理水平不同而异。每群犊牦牛数量以 50 头为宜。严格控制种公牦牛入群，以免出现未完全成熟配种的情况。通常情况下以自然哺乳的方式培育犊牦牛。为了犊牦牛生长发育良好，基于牧场的产草量，犊牦牛的采食量、健康状况、生长发育等情况，对母牦牛的挤奶量进行合理计划。

第四节　大通牦牛育肥牛的饲养管理

一、育肥牛的饲养

1. 全放牧育肥

全放牧育肥是牧区较传统的育肥方式，主要利用暖季的牧草放牧育肥100～150d，牦牛增重低，同时不喂精饲料，成本较低。一般选择夏、秋季牧草资源丰富的牧场，要求高山凉爽、蚊蝇少、牧草丰富。为达到牦牛膘肥体圆的目标，最好采用全天候24h放牧法让牦牛尽量采食较多的牧草。每天至少饮水3次，或让牦牛在水源充足的牧区自由饮水。育肥方式极大地受地理环境以及天气情况影响，无法系统规范地对牦牛进行育肥。

转场轮牧的方式按照季节划分区域进行，即放牧20d左右转换草场1次，使牧草有生长恢复的间隔期。充分利用西部高原牧草资源丰富的地区进行放牧育肥，育肥期持续时间通常为80～120d，也可根据草场情况、市场行情适当缩短和延长，此为利用草场资源、提高牦牛生产力的有效方式。

2. 放牧兼补饲育肥

适宜月份为6—12月，其中秋、冬季最佳。在秋、冬季或过渡牧场，牧草丰盛、草籽好、水资源充足、光照充足、离圈较近的地区放牧。育肥牦牛选用生产后年龄在7～10岁的母牦牛、空怀母牦牛、犊牦牛和生产性能不好的去势牦牛。夏、秋季因牧草品质好，蛋白质丰富，所以选择糖类含量高的饲料进行补饲，一般每天每头牛补饲精饲料0.5kg；冬季牧草品质不高，蛋白质含量下降，所以补饲一些含蛋白质较多的饲料，一般每天每头牛补饲精饲料0.8kg，青干草2.0kg，具体视情况而定。

上午的放牧时间通常选择早霜消融后（8:00—9:00），由于上午气温不高，阳面有利于牛群保持体温，所以放牧场地应选择在阳面山腰地段；而下午气温较高，一般可在阴凉地方放牧。傍晚时（17:00—18:00）收牧，保持每天至少饮水2次，当放牧地段的水源充足时可任其自由饮水。育肥期以80～100d最好，时间过长则会增加投入，提高成本。同时，需要考虑市场行情、上市季节、肉价。育肥期结束时，成年牦牛的平均体重需不低于320kg，犊牦牛体重不低于140kg。

3. 全舍饲育肥

育肥期一般为90～120d，适于短期集中育肥，全年可进行。可选择健康的老母牦牛、淘汰去势牦牛和18月龄犊牦牛等。棚圈应当标准规范。通常将育肥期分为3个阶段：第1阶段（约20d），这一阶段的目的是让牦牛逐渐适应饲料和环境，此时期日增重速度不高；第2阶段（60d左右），此时期为主要增重期，此时期的日增重速度较高；第3阶段（30d左右），此阶段牦牛可能出现食欲下降的情况，日增重速度低于第2阶段。为了增加育肥牛的食欲，在育肥中后期要注意观察育肥牛的情况以便及时调节日粮，提高日粮的适口性，满足牦牛对维生素和微量元素的营养需要，适当添加食盐。育肥期应当减少牦牛的运动量以免能量损失，同时加强畜舍的卫生管理。平均日增重要求为700～800g，至少600g。成年牦牛的平均体重不低于340kg，18月龄犊牦牛平均体重不低于150kg。

二、育肥牛的管理

1. 牦牛育肥方式

牦牛育肥按育肥所需时间可分为持续育肥和后期集中育肥。

（1）持续育肥　此法指的是犊牦牛在断奶后，立刻进入育肥阶段直至出栏。持续育肥可分为3种，即放牧育肥、半舍饲半放牧育肥及舍饲育肥。

①放牧育肥。指从犊牦牛育肥到出栏为止的时间段内，只进行草场放牧，任其自由采食，不进行任何补饲，这种育肥方式适合于人口较少、土地肥沃、牧草资源丰富、降水量充沛的牧区和半农半牧区。这种方式对草场、气候要求较高。

②半舍饲半放牧育肥。夏季牧草资源丰富时期牛群育肥以放牧的方式进行，冬季牧草资源匮乏时期主要是以牛群舍内圈养的方式育肥。采用这种育肥方式，不但可降低成本，而且一般情况下犊牦牛在断奶后就将进入冬季，冬季饲草缺乏营养，阻碍犊牦牛生长发育，以低营养的状态过冬，在翌年春、夏季放牧时即可获得明显有效的补偿增长。这种育肥方式，在屠宰前2～3个月进行舍饲育肥，还可达到最优育肥效果。此法经济效益最佳。

③舍饲育肥。牦牛的育肥全过程均以舍饲圈养进行育肥。此法优点是占地少，饲养周期短，无须放牧而节省人力，育肥的牦牛出栏时间集中，牦牛肉的品质好。缺点是饲料转化率低，需要较多的精饲料，育肥的成本高。

舍饲育肥又可分为拴饲育肥和群饲育肥。拴饲育肥是指将牦牛分开拴系单独育肥，便于管理，饲料转化率高。但拴饲的牦牛运动量少，影响牦牛机体的生长发育。群饲育肥一般以5头牛为一群饲养于栅栏内，一般每头所占面积为4m²。此法能有效节省劳动力和空间，牦牛在饲养过程中较自由，利于生长发育。但群饲若发生抢食现象，育肥牛群体重容易不平衡。如果采用此种育肥方式，则需要供给充足的饲料，自由采食效果较好。

（2）后期集中育肥　后期集中育肥是指在市场上选购架子牛，经过驱虫后，利用精饲料型的日粮（大部分为精饲料，添加少量秸秆、青干草或青贮饲料），进行为期3个月左右或6个月的强度育肥，体重达到出栏标准时，即可进行屠宰。

2. 舍饲育肥管理

（1）隔离观察　转入牛舍前应先观察隔离牦牛的精神状态、采食及粪尿情况，如有异常现象，要及时处理。适应期结束时，按牦牛的年龄、体重进行分群，目的是为了使育肥达到更好的效果。通常在傍晚时进行分群较易成功，分群当晚管理人员需经常到牛舍观察，若有格斗现象，应及时处理。

（2）牛舍消毒　牛群转入牛舍前需要对牛舍进行消杀工作。采用2％氢氧化钠溶液对地面和墙壁进行喷洒消毒，一般选择1％新洁尔灭溶液对器具进行消毒处理。

（3）适量运动　育肥牦牛既要运动又不能过量运动，运动可以增强牦牛的体质，利于消化吸收能力的提高，使其保持旺盛的精力；而牦牛过度运动会增加能量消耗，不利于育肥。因此，若牛群自由活动，育肥牛可散养在围栏内，每头牛占4～5m²；若采用拴系方式，则可用长绳拴系。牛舍内的牛只应当合理地拴系，要注意防止因牦牛发生争斗而造成损失。

（4）保持卫生　通常每天上、下午各进行1次牛舍的清扫工作，处理废水粪便，保持牛舍内清洁卫生，定期对用具、地面消毒。

（5）定期驱虫　犊牦牛在断奶后需要进行第1次驱虫，到10～12月龄时进行第2次驱虫。驱虫时可采用左旋咪唑或者阿维菌素等药物。一般育肥牦牛采用阿维菌素驱虫，按每100kg体重用药2.0mg，而左旋咪唑按每100kg体重用药0.8g。驱虫后需要定时喂给健胃散，每天饲喂1次，每次500g/头。

（6）科学饲喂　牦牛采食饲料一般选择自由采食的方式，可使每头牦牛采食满足自身营养需求的饲料量，且节省时间和人力。同时，由于牛只不同时采食，所以可减少食槽。目前，大多数牛场每天喂2～3次，饲喂时应先喂草料，再喂精饲料，最后饮水。对强度育肥牦牛饲喂瘤胃素可以起到增加日增重的效果，每天每头饲喂150～200mg瘤胃素。具体添加方法：按40～60mg/kg标准加入精饲料中。

（7）牛舍温度　环境温度对牦牛育肥影响很大。在低温时牦牛对饲料的消耗量会增加5％～25％。在27℃以上高温环境中，牦牛的采食量减少5％～35％，牦牛的增重随采食量的减少而下降。牦牛在适宜温度范围内能够表现出较高的生产性能。从牦牛的生物学特性看，牦牛的耐热性差，而耐寒性却很强。牦牛育肥舍的环境温度在 4℃以下时，需采取防寒措施。当环境温度超过27℃时要采取防暑工作。如果长期处于高温，牦牛易产生热应激，饲料消化率降低，育肥期变长，免疫力下降，日增重大幅降低。

第八章
大通牦牛疾病防控

牦牛疾病防控是高原牧区一项重要的民生工程。牦牛各类疾病的发生直接影响其机体健康、生产性能和经济效益，是困扰和危害我国牦牛养殖业健康发展的主要因素之一。近几十年来，牦牛疾病防控工作日益受到重视，疾病防控部门对一些严重危害牦牛养殖业生产和群众健康安全的疫病进行了有计划的控制、净化和消灭，取得了显著成效。但牦牛疾病种类繁多，危害严重，防控工作任重道远。目前，仍需加强对各类疾病发生发展规律的认识，提高综合防控能力，以保障牦牛养殖业的生产安全、产品质量安全以及公共卫生安全。

第一节　主要传染病的防控

牦牛传染病是指某些致病性（微）生物进入牦牛体内，在一定部位生长和繁殖，从而引起一系列病理反应。这些病原微生物可通过牦牛的排泄物和分泌物传播到外界环境，感染其他牦牛或易感动物，造成牦牛死亡和畜产品的损失，严重影响农牧民生活和经济效益，某些人兽共患病还严重威胁人体健康。

一、口蹄疫

口蹄疫，又称口疮热，藏语称"卡察欧察"，是由口蹄疫病毒（Foot and mouth disease virus，FMDV）引起的一种急性、热性、高度接触传染性的偶蹄动物烈性疫病。该病根治难度大，世界动物卫生组织（OIE）将其列为A类传染病之首，是全球重点防控的传染病，已被列入重大跨国动物疫病的全球消灭行动计划。牦牛很容易感染口蹄疫，若处理不当，会造成传染范围扩大，给整个养殖业带来不可弥补的损失。此外，畜产品出口受限，导致巨大的经济损失。

1. 流行病学

口蹄疫的特点是传播迅速、传染范围广、发病率高；无严格的季节性，一般在冬季多发，夏季基本平息；流行周期，每 2～3 年 1 次。牦牛中流行的FMDV 主要为 O 型和 A 型，犊牦牛最易感。病牦牛和带毒牦牛是主要传染源。发病初期排毒量最大，毒力最强；病牦牛的排泄物、分泌物、呼出气体以及水疱皮均含有 FMDV；病毒通过呼吸道或消化道进入宿主体内，也可通过人工授精、破损皮肤或结膜传播。FMDV 也可感染人，多经直接接触病牦牛或经外伤感染，典型症状为呕吐、发热、水疱等。

2. 临床症状

牦牛口蹄疫临床特点是发病急，流行速度快，传播范围广，发病率高，但死亡率低，多呈良性经过。牦牛自然感染口蹄疫的潜伏期为 2～7d。发病初期，病牦牛体温升高，可达 40～41℃，精神不振，目光呆滞，继之口腔黏膜红痛，舌面出现白色水疱，食欲减退，开口时有吸吮音；中后期口角流涎，呈白色泡沫状，若水疱破裂则逐渐溃烂，同时病牦牛的鼻部、乳房、蹄冠和趾间皮肤均出现水疱，很快形成溃烂创面。若治疗不及时，可继发感染，溃烂部化脓糜烂、坏死，严重时蹄匣脱落，病牦牛表现为行走困难、站立弓背、跛行和消瘦等症状。若无继发感染，病灶部位可在短期内恢复，临床症状逐渐消失。犊牦牛可因口蹄疫诱发急性心肌炎而突然死亡。

3. 病理变化

检查病牛鼻端、蹄部等处有明显水疱，后期溃烂。剖检病死牦牛可见口腔、咽喉、气管、支气管、肠胃黏膜等处均有烂斑；心肌呈淡黄色或灰白色，带状或点状条纹，似虎皮，故称"虎斑心"。

4. 诊断

通过流行病学和病牦牛临床症状可做出初步或疑似诊断。确诊须经实验室诊断，通过病原学、血清学及动物感染等检验完成。取病牦牛舌面、蹄部、乳房等处水疱皮或水疱液，置于 50％甘油生理盐水中，迅速送到国家口蹄疫参考实验室进行补体结合试验或聚合酶链式反应确定病毒。另取病牦牛恢复期血清，进行小鼠中和试验，鉴定病毒血清型。

5. 防控措施

"早、快、严、小"四字方针是我国防控口蹄疫的基本要求，即指尽早发现疫情、快速采取措施、严格封锁疫区及将损失降低到最小限度。采取的基本措施主要是强制免疫，每年在春秋两季进行集中免疫接种。此外，要加强牦牛的日常饲养管理，定期清扫圈舍，严格消毒管理。一旦出现疫情，要及时隔离牛群，及早划定疫区和疫点，强制封锁疫区，限制动物及其产品自由流动。病死牦牛必须焚烧或深埋，进行无公害化处理；未发病的牦牛，要严格隔离，建议紧急接种疫苗，以避免疫情发生和蔓延。

二、牦牛病毒性腹泻

牦牛病毒性腹泻，又称黏膜病、"拉稀病"，牧民称"小牛瘟"，是由牛病毒性腹泻病毒（Bovine viral diarrhea virus，BVDV）引起的以腹泻、繁殖障碍和免疫机能障碍为主要特征的病毒性传染病。该病在牛群中流行普遍，OIE将其定为 B 类传染病，在我国被列为二类传染病。BVDV 进入机体后可造成免疫抑制和持续性感染，使牛群免疫力降低，并易诱发混合感染或继发感染，牛生产性能下降，严重危害全球养牛业发展。近年来，我国养牛业逐渐向规模化发展，BVDV 的感染日渐增加，我国养牛比较密集的地区几乎都报道了BVDV 的发生与流行。

1. 流行病学

近年来，BVDV 在牦牛产区流行较为严重，血清阳性率至少达 21%。牦牛不分年龄均易感，以犊牦牛易感性最高。病牦牛和隐性带毒者是主要传染源，可通过病牦牛分泌物和排泄物，如乳汁、眼泪、尿液、呕吐物、粪便排毒，也可通过胎盘垂直传播。牦牛可经空气、土壤、水及共用饲养用具被感染。本病季节性明显，以春季和冬季发病较多。湿度较大、动物集中、饲养管理和环境卫生条件较差时较易发病，常与其他细菌或病毒发生混合感染。

2. 临床症状

该病潜伏期为 6～8d，感染 5～17d 排出病毒，第 2～3 周血清转为阳性。牦牛临床症状可分为急性型和慢性型。

（1）急性型　主要表现为：高热、腹泻、粪便带血；精神萎靡不振、食欲不佳、嗜饮；结膜炎，眼角有大量脓性分泌物；口腔黏膜糜烂和溃疡、大量流涎、泌乳减少或停止；妊娠牛可出现流产、产死胎和畸形胎等。急性型病例一般在发病后 15d 死亡，很少恢复。

（2）慢性型　主要由部分急性型病例转归而来，表现为食欲不振、消瘦、伴随间歇性腹泻和体温波动等。发病犊牦牛体温升高、食欲减退、口腔黏膜溃疡、水样腹泻、粪便带有血液和肠黏膜。

3. 病理变化

牦牛喉头黏膜有溃疡斑，并呈糜烂性坏死；食道黏膜糜烂，有纵向排列的条状出血斑；靠近贲门的瘤胃黏膜有烂斑及出血斑，瘤胃黏膜呈紫红色；小肠肠壁水肿、增厚，淋巴结肿大；空肠及回肠有点状或斑状出血，肠黏膜呈片状脱落。

4. 诊断

病毒分离鉴定，可采集病牛脾和淋巴结，制作切片，电镜观察 BVDV 病毒粒子。间接免疫荧光方法是我国现行《中国兽药典》中规定检测 BVDV 外源病毒污染的方法。PCR 扩增与序列测定可以鉴定到 BVDV 特定的核苷酸序列（如 *EO* 基因，705bp），在分子水平上对致病源进行鉴定，具有常规鉴定方法无法比拟的准确性。ELISA 试剂盒操作简便、敏感性和特异性较高，适于大批量样本的检测，更重要的是它能检出持续性感染动物，为该病的防控提供技术支撑。

5. 防控措施

接种疫苗和加强饲养管理是预防和控制病毒性腹泻的主要方法。牛病毒性腹泻弱毒疫苗、灭活疫苗、猪瘟兔化弱毒疫苗等均能对牛病毒性腹泻起到预防作用。但由于 BVDV 毒株不断发生变异，加大了防控工作的难度。因此，需研发出更高效的疫苗，以根除和防控此病。同时，推进 BVDV 的净化，通过流行病学调查掌握不同地区不同时间 BVDV 的感染情况，综合采用血清学抗体检测方法和抗原检测方法对牛群进行动态监测，及时发现和淘汰阳性牛。

三、布鲁氏菌病

布鲁氏菌病，又称流产病，是由布鲁氏菌（*Brucella*）引起的一种人兽共患的慢性传染病。该病原可以引起多种动物患病，OIE 将其列为 B 类动物疫病，我国将其列为二类动物疫病。在家畜中，牛和羊最易感；以生殖器官、胎膜及多种组织发炎、坏死为特征，引发流产、不育和睾丸炎。

1. 流行病学

布鲁氏菌主要危害具有繁殖能力的成年母牦牛，对犊牦牛危害不严重，发病后临床症状较轻。病牦牛和带菌牦牛是主要传染源，布鲁氏菌随病牦牛分娩或流产后的胎儿、胎衣、羊水、乳汁及阴道分泌物排出，健康牦牛食入被布鲁氏菌污染的饲料、饮水后经消化道感染；也可通过受损的皮肤黏膜或吸血昆虫的叮咬进行传播。随着牦牛生殖器官的逐渐成熟，感染该病的概率大大增加。牦牛饲牧人员应加强自身防护，特别是在牦牛发情、配种、产犊季节，做好消毒防疫工作。

2. 临床症状

犊牛感染后通常无症状，但性成熟后对该病最为敏感。母牦牛在妊娠的任何阶段感染后均会突然流产，产下死胎和僵尸胎。母牦牛流产后常继发子宫炎，表现为胎衣不下，从阴道中排出灰色或者棕红色的恶露及部分胎衣碎片，长期流出脓性分泌物。公牦牛感染后出现化脓性坏死性睾丸炎以及附睾炎。病牦牛睾丸疼痛明显，精神不振，采食量减少，体温明显升高，之后睾丸逐渐硬化坏死，失去配种能力。病情严重的牦牛可出现关节炎、腱鞘炎、滑液囊炎和关节周围炎。

3. 病理变化

病牦牛的淋巴结、脾和肝有不同程度的肿大。公牦牛睾丸实质内有化脓灶，鞘膜囊有大量积液。流产胎衣呈黄色胶冻样浸润，增厚并有出血点；有些部位覆有纤维蛋白絮片和脓液；胎儿以败血症为主，皮下结缔组织发生浆液性和出血性炎症；浆膜和黏膜有出血点和出血斑；胃、肠和膀胱的浆膜下可见有点状或线状出血。

4. 诊断

布鲁氏菌病的诊断以实验室诊断为主。酶联免疫吸附试验（ELISA）是牛布鲁氏菌病国际贸易的指定检测方法，用于血清学诊断和乳汁检查，且可同时作为筛查和确诊试验。虎红平板凝集试验可用作筛查试验，参照《动物布鲁氏菌病诊断技术》（GB/T 18646—2002）规定的程序进行。PCR 技术和 DNA 探针也有望成为病原鉴定的实用方法。

5. 防控措施

目前，我国对布鲁氏菌病的防控采取以疫苗免疫接种为主、检疫扑杀为辅及逐步净化的策略。本病无治疗价值，也无特效药物，一般不予治疗。牦牛布鲁氏菌病预防可每年定期免疫接种布鲁氏菌苗（如牛 19 号菌苗），接种密度应达 100%，通过气雾免疫接种或饮水免疫接种。此外，在已发生过布鲁氏菌病的养殖场，应坚持每年对牦牛群进行 2 次检疫，带菌牦牛严格执行淘汰和无害化处理。病死牦牛禁止上市销售，严格无害化处理，避免造成疫情传播蔓延。

四、牦牛巴氏杆菌病

牦牛巴氏杆菌病，又称"牛出败""锁喉风"，藏语称为"苟后"，是由多杀性巴氏杆菌（*Pasteurella multocida*）引起的以败血症和出血性炎症等变化为特征的一种急性、热性传染病。该病传播途径多、传染速度快，是牧区牦牛较常见及重点防控的疾病之一。

1. 流行病学

本病无明显季节性，一年四季均可发生，但以天气剧变、闷热、潮湿、多雨的时期发生较多。牦牛最易感染，母牦牛及 2 岁左右牦牛发病率较高；病牦牛和病死牦牛是主要传染源；健康牦牛常因食入被病牦牛分泌物和排泄物污染的饮水、饲料等而感染；也可通过空气飞沫和蚊虫叮咬等途径进行传播。本病多呈地方性流行或散发，同种动物能相互传染，不同种动物之间也偶见相互传染。

2. 临床症状

该病潜伏期 2～5d。牦牛感染后主要特征是败血症和组织器官广泛出血，在咽喉、胸部、头颈部位出现局部炎性水肿。病牦牛多出现体温迅速升高，可达 42℃，伴有精神萎靡、站立时头部下垂、食欲减退、鼻镜干裂、结膜发绀、潮红出血、呼吸困难等症状；部分病牦牛还会出现瘤胃臌气、腹痛和腹泻症状，粪便恶臭并混有血丝，有时伴有血尿。

3. 病理变化

大多数病死牦牛存在大面积的充血、出血和淤血现象。剖检可见其全身淋巴结肿大出血，切面呈暗黄色，从中流出大量红色液体。咽喉部和胸前皮下组织存在炎性水肿，切开后可见皮下存在严重的出血性胶样浸润，流出淡黄色透明液体。肺病变严重，外观呈暗红、炭红或灰白色、切面呈大理石样病变。气管充血并且有出血点，气管内有大量泡沫状内容物。胸腔和心包中蓄积大量液体，心内外膜有出血点。肝体积显著增大，质地变软。大网膜和肠系膜上面存在弥漫性的点状或片状出血。皱胃和十二指肠黏膜水肿，结肠呈紫红色，有严重的坏死现象。

4. 诊断

根据流行病学调查、发病情况、临床症状等可进行初步诊断。可通过实验室诊断确诊。无菌采集病死牦牛的淋巴结、血液、肝、肺、脾等病料，分别进行涂片镜检和细菌培养鉴定。美蓝染色涂片中可见两极浓染的短杆菌，血琼脂上应生长灰白色、水滴状菌落，周围不出现溶血现象，可鉴定为巴氏杆菌。有条件的可进行药敏试验，以便有效治疗病牦牛。

5. 防控措施

该病以预防为主，要加强牦牛的日常饲养管理，改善卫生条件，做好牛舍日常消毒及保温工作，以增强牦牛的抵抗力。健康牦牛定期注射牛巴氏杆菌灭活疫苗（牛出血性败血症氢氧化铝疫苗）；对病牦牛和可疑病牦牛要做到早发现早隔离早治疗；对不同病期的牦牛进行分别治疗，初期治疗可皮下注射或静脉注射抗出败血清；症状较严重的病牦牛选用抗生素进行药物治疗（如磺胺嘧啶钠），并辅以解热镇痛、纠正酸中毒、消除水肿等对症治疗；无治疗价值的病牛要及时淘汰和无害化处理，严禁食用或销售感染的牦牛肉和相关制品。

五、结核病

结核病是牦牛感染了牛型结核分枝杆菌（*Mycobacterium bovis*）而引起的一种慢性消耗性传染病。其特征为渐进性消瘦，以及肺或其他组织器官内形成结核结节和干酪样的坏死灶或钙化灶。该病是公认的人兽共患病，OIE 将其规定为强制通报的疫病；在我国属于二类动物疫病，被列为检疫扑杀对象，对养牛业发展、食品安全与人类健康构成重大威胁。

1. 流行病学

牛型结核分枝杆菌可感染大多数温血脊椎动物，各年龄段的牛均易感，奶牛感染最为严重，水牛次之，再者为牦牛和黄牛。传染源包括病牛和病人，尤其是开放性感染者是重要的传染源，通过气管分泌物、乳汁、粪、尿液、脓液等污染饲料、水、空气、环境，经呼吸道或消化道等途径感染家畜和人类。该病呈散发性，季节性不强，一年四季均可发生，区域差异很显著。饲养条件及管理不规范，如场地拥挤、阴暗潮湿、通风不良、光照不足等都会加剧该病的发生。

2. 临床症状

牛结核病病程经过缓慢，有时可长达数月甚至数年。临床类型有肺结核、乳房结核、淋巴结核、肠结核和生殖器官结核等。牦牛以肺结核为主，犊牦牛感染后发病较为明显。发病初期病牦牛食欲和反刍无明显变化，但易疲劳，有时伴有短促的干咳。随着患病时间的延长，咳嗽逐渐加重，病牦牛表现为渐进性消瘦，颌下、咽部、颈部等处淋巴结明显肿大；后期可诱发慢性瘤胃臌气。病情严重时，病牦牛卧地不起，体温突然升高，呼吸极度困难，最后因心力衰竭而死亡。

3. 病理变化

病牦牛内脏器官发生明显的病理变化，主要集中在肺、胸膜和肠系膜淋巴结处。感染早期，肺门部位及肺门淋巴结可见到干酪样坏死或钙化灶；感染中后期，可在胸膜、胸腔见到"珍珠状"增生，形成所谓的"珍珠胸"。肠系膜可见到串珠状淋巴结肿大。此外，伴有腹泻的病牦牛回肠壁增厚，浆膜下淋巴结肿大，肠道黏膜呈灰黄色，充血，有混浊的黏液。

4. 诊断

结合流行病学特点、临床症状及病理变化可对该病做出初步诊断。确诊则依赖于实验室诊断方法，包括病原学检测（如镜检、细菌培养等）、免疫学检测和分子生物学检测等。

（1）抗酸染色　采集病牦牛的粪便样本进行细菌分离鉴定；抗酸染色后在显微镜下检测到红色的短杆状菌体，则可判定为结核分枝杆菌阳性。

（2）结核菌素皮肤试验　是 OIE 指定的标准方法，用于结核病的初筛。牛型结核菌素的尾褶皮内注射剂量一般为 2 000IU。颈部比较皮试是最准确的结核菌素皮试方法。具体方法是：用牛型结核菌素与禽型结核菌素同时做皮试检测，用牛型结核菌素导致的皮厚增加扣除禽型结核菌素导致的皮厚增加作为结果判断标准，增加 4mm 为阳性，2～4mm 为可疑，2mm 以下为阴性。

（3）IFN-γ 体外释放试验　该方法是一种细胞免疫检测方法，为目前 OIE 指定的结核病诊疗替代试验，广泛用于牛结核病的辅助诊断。已有多种商品化试剂盒，且有的试剂盒不受卡介苗接种和多数环境分枝杆菌的影响。

（4）抗体检测法　国际市场上已有试纸条出售，但价格高昂。国内也研发了类似产品，但还没有进入产业化转化。

5. 防控措施

对牦牛群应严格执行检疫制度，净化牛群。定期检疫，一般 1 年检测 4 次结核杆菌，及时淘汰阳性病例，结核病阳性牦牛应及时扑杀。种牦牛可使用异烟肼、链霉素、氨基水杨酸等药物治疗，但目前临床上可用的药物仅能短暂控制结核病，一旦停药，病牦牛可继续排菌。因此，用药原则为长期治疗，不可间歇性给药。1 月龄犊牦牛可按照 100mg/头的剂量接种卡介苗，通常接种 20d 后可产生免疫力，免疫期为 18 个月左右。此外，在日常养殖中，要加强消毒管理，遏制病原菌的传播。常用消毒剂有 20％漂白粉乳剂、20％新鲜石灰乳、5％来苏儿溶液等，消毒效果良好。使用时建议多种消毒药交替使用，避免产生耐药性。场地内所有粪便应集中堆积发酵。诊治无效的病死牦牛集中深埋或焚烧。同时，进一步加强牦牛养殖场规范化，以避免结核病感染人类。

六、犊牦牛白痢

犊牦牛白痢，又称犊牦牛大肠杆菌病，是由特定致病性大肠杆菌感染新生犊牦牛引起的一种急性传染病。该病以急性败血症和剧烈腹泻为主要特征，如防治不及时，死亡率较高。

1. 流行病学

犊牦牛白痢多呈地方性和散发性流行，常见于冬春季节，放牧季节很少见。10 日龄及以下的犊牦牛发病最为严重，致死率最高，尤其是 1～3 日龄的新生犊牦牛易感，发病率高达 100％，致死率高达 90％以上。可通过子宫、脐带或者消化道传播。

2. 临床症状

本病潜伏期短、发病突然，几小时内即可出现典型症状，临床可分为败血型、肠毒血型、肠炎型。

（1）败血型　2～3 日龄的犊牦牛易发生急性败血病症状，临床表现为精神不振，体温升高，有时出现腹泻，在发病几小时至 24h 内急性死亡，死亡率可达 80％以上。

（2）肠毒血型　肠毒血型较为少见，主要发生在吮吸过初乳的 7 日龄犊牛，一般无任何症状就突然死亡。若病程较长，则出现典型的中毒性神经症状，早期兴奋不安，后期萎靡昏迷，最终衰竭死亡。

（3）肠炎型　1～2 周龄的犊牛易发肠炎型，体温骤升至 40℃，腹泻，粪便恶臭，卧地不起，极度衰竭而亡。病牦牛及时治疗，可康复，但耐过的病犊牦牛发育不良，伴有关节炎、脐炎等。

3. 病理变化

剖检可见病死犊牦牛胃肠道病变严重，肠胃黏膜发生卡他性、出血性炎症；肠内容物中混杂有血液气泡，外观红褐色；肠黏膜有充血、出血和脱落坏死现象；小肠浆膜表面有出血点和出血斑；肠系膜淋巴结肿大充血；心内、外膜出血；肝、肾肿大、变性，有坏死灶。病程长的病例有关节炎和肺炎。

4. 诊断

根据犊牦牛发病情况、临床症状和病理变化等可做出初步诊断。确诊需进行实验室细菌学检查。采集病牦牛血液或肠黏膜划线接种于麦康凯平板培养，挑取红色菌落进行大肠杆菌生化试验，鉴定其血清型，必要时可进行动物回归试验。

5. 防控措施

加强妊娠母牦牛和犊牦牛的饲养管理，及时清洁母牦牛乳房，确保新生犊牦牛 2h 内及时吮吸初乳，以增强机体抗病能力。严格消毒程序，定期使用 5%甲醛或者 2%来苏儿对牛栏、牛舍、运动场等周围环境进行消毒，确保牛舍干净卫生；避免犊牦牛受寒、热、潮等刺激，禁止饮用脏水，避免感染病原菌。发现犊牦牛患病，应立即进行隔离治疗。可给予补液和抗生素治疗，有条件时可根据药敏试验选择链霉素、新霉素或磺胺脒等药物。

第二节　常见寄生虫病的防控

牦牛主要在天然草场中放牧采食，极易遭受寄生虫的侵袭。牦牛的寄生虫病种类繁多，常见的有体表寄生虫病、胃肠道线虫病、焦虫病等。寄生虫病的致死率虽然不高，但会导致牦牛消化机能障碍、消瘦、发育缓慢等，直接影响牦牛的正常生长，给养殖场（户）造成严重的经济损失。因此，为保证牦牛的机体健康和生产性能，需要通过综合措施积极防治牦牛寄生虫病，降低寄生虫病发病率，促进牦牛养殖业健康发展。

一、牛皮蝇蛆病

牛皮蝇蛆病，又称"牛蹦虫病"或"牛翁眼病"，是由牛皮蝇（*Hypoderma bovis*）或纹皮蝇（*Hypoderma lineatum*）的幼虫寄生于牦牛背部皮下引起的一种危害较严重的慢性寄生虫病。该病在牦牛产区流行极为普遍，不但影响牦牛的生长发育和生产性能，也严重影响牦牛皮的品质，给养殖场（户）带来较大的经济损失。

1. 流行病学

该病在我国各牦牛主产区均有分布，牦牛感染率几乎100％；呈季节性发病，夏、秋季发病率最高。成蝇外形似蜜蜂，不叮咬牦牛也不采食，一般多在晴天出现，阴雨天隐蔽，生活周期通常为5～6d。雌蝇产卵后即死亡。皮蝇从虫卵发育为成蝇的整个生活周期为1年左右。一般虫卵经4～7d孵化出Ⅰ期幼虫，沿毛孔侵入皮下组织，约2.5个月移行至咽头、食道或椎管硬膜外脂肪组织，蜕变为Ⅱ期幼虫；Ⅱ期幼虫寄居5个月左右，移行到背部皮下组织寄生2～3个月，最后发育为Ⅲ期幼虫，从皮肤爬出。幼虫在牛体内寄生10～11个月，牦牛腰背部的幼虫主要为Ⅲ期幼虫。

2. 临床症状

成蝇产卵时可引起牦牛躁动不安，严重影响采食或卧息反刍。幼虫移行引起的最常见症状是皮肤损伤、穿孔及形成瘘管。严重感染时，病牦牛消瘦，犊牦牛表现为生长缓慢、消瘦、贫血；成年牦牛肉质降低、产奶量下降。在幼虫整个侵染期间，病牦牛表现为瘙痒难耐。此外，幼虫寄生于食道可引起食道阻塞和过敏性反应；若幼虫在移行过程中死于脊椎附近，病牦牛会出现瘫痪；幼虫误入脑部，可使病牦牛出现神经症状，如做后退运动、突然倒地、麻痹或晕厥等，重者可造成死亡。

3. 病理变化

幼虫移行会造成各种组织损伤，如局部结缔组织增生和皮下蜂窝组织炎；幼虫寄生在食道时可引起浆膜发炎；皮肤穿孔，可损伤牛皮，如有细菌感染可引起化脓，形成瘘管，然后开始逐渐愈合，形成瘢痕，严重影响皮革价值。轻轻挤压时能够从虫口中流出大量脓性混浊液体，同时从虫口中还能够挤出大量幼虫，继发严重感染时还很容易出现化脓性瘘管。

4. 诊断

根据《牛皮蝇蛆病诊断技术》（GB/T 22329—2008）对该病进行诊断。幼虫出现于背部皮下时易于诊断，确诊需在牛的背部皮肤上发现呼吸孔，且可挤出第Ⅲ期幼虫。在疫区开展流行病学调查时，多采用剖检方法。重点检查部位为食道黏膜、背部皮下、瘤胃浆膜、大网膜、食道浆膜等部位，发现第Ⅰ期、第Ⅱ期或第Ⅲ期任一阶段的幼虫，便可确诊。商品化 ELISA 试剂盒也可用于血清抗体检测。

5. 防控措施

消灭牛体内的幼虫，防止幼虫落地化蛹，既可阻断虫体生活史，又可减少幼虫的危害。消灭幼虫可以用机械或药物的方法，但成蝇在自然界活动停止后必须尽快使用杀虫药。目前，常用大环内酯类药物，如伊维菌素、伊普菌素和莫西菌素等，使用剂量须控制在安全范围，避免药物残留。在成蝇活动季节，可用敌百虫或溴氰菊酯溶液喷洒牛体表，每隔 20d 喷 1 次，可防止成蝇在牛体表产卵，有效杀死虫卵和第Ⅰ期幼虫；牦牛对敌百虫较为敏感，每头用量不得超过 300mL。需要注意的是，12 月至翌年 3 月幼虫在食道壁和脊椎神经外膜下寄生，虫体死亡会引起相应的局部严重反应，故此期间不宜用药。杀灭背部的第Ⅲ期幼虫，按每千克体重 0.02mL 皮下注射伊维菌素。同时，在用药过程中还可以进行人工灭虫检查，如瘤状肿有新鲜破裂孔，可用手将幼虫挤出并杀死，用碘酊消毒伤口。此外，要搞好环境卫生工作，加强灭蝇工作。夏季定期对牛舍、运动场等用拟除虫菊酯喷雾灭蝇。

二、牦牛棘球蚴病

牦牛棘球蚴病，又称牦牛包虫病，多由细粒棘球绦虫（*Echinococcus granulosus*）的幼虫（棘球蚴）寄生在牦牛肝、肺及其他器官中引起周围组织贫血和继发感染的寄生虫病。此病为危害严重的人兽共患病，流行较广，对牧区家畜危害严重。

1. 流行病学

棘球蚴呈世界性分布，春季高发，宿主广泛，易感染传播。犊牦牛患病率及死亡率较高。家犬和牧羊犬是最主要的感染源。虫体孕卵节片随犬粪排出，当牦牛采食被虫卵污染的草料和水后被感染，虫卵经消化道进入血管转移至肝、肺中寄生形成大包囊。该病主要在犬和偶蹄类家畜之间循环。在我国，牦牛-犬循环仅见于青藏高原、甘肃省的高山草甸和山麓地带。

2. 临床症状

棘球蚴主要寄生于牦牛的肝和肺，致病作用包括虫体周围器官的压迫性萎缩和功能障碍，或包囊破裂囊液流出所引起的过敏反应。该病临床表现取决于包囊的大小、数量和寄生部位。牦牛感染的前期症状极为轻微，甚至没有症状表现。严重感染时，病牦牛出现显著消瘦、衰弱、反刍减少、产奶量下降等症状。棘球蚴寄生在肝时，则肝肿大，有触痛，有的出现黄疸或呼吸困难、咳嗽，严重者因乏弱、窒息或严重过敏反应而死亡。

3. 病理变化

严重感染棘球蚴的牦牛，剖检可见肝、肺表面凹凸不平，有数量不等的包囊存在。肝表现为中央静脉扩张，有血栓形成，肝窦也扩张充血，肝细胞出现颗粒变性和水泡变性，严重的细胞质溶解，核固缩或消失，肝门管区有大量结缔组织和胆管增生。肺组织因受压迫呈条索状排列；肺泡中常见肉芽组织增生，肺泡壁增厚；肺泡腔扩张甚至破裂，呈蜂窝状；支气管和细支气管黏膜增生，周围有较多的淋巴细胞浸润。棘球蚴包囊大小不一，为黄豆到鸡蛋大小，多数塌陷呈疤痕状硬性结节，囊内含少量液体或不含液体。病理切片观察棘球蚴外囊，可见其由栅状纵形排列的和环形排列的两层结缔组织构成，外囊近角质层侧的结缔组织纤维伴有钙化现象。

4. 诊断

由于牦牛感染症状不明显，且棘球蚴寄生在肝、肺的深处，生前诊断较困难，只有在感染牦牛死亡后，进行剖检时发现虫体才能确诊。也可结合病症以及免疫学检验方法进行初步诊断。筛查可采用皮内变态反应、补体结合试验、间接血凝试验（IHA）和酶联免疫吸附试验（ELISA），都能得到较为准确的诊断结果。

5. 防控措施

棘球蚴病危害严重，防治难度大。要坚持"预防为主，防治结合，政府主导，部门配合，全社会共同参与"的原则，开展棘球蚴病的综合防控。对犬进行定期驱虫，是控制传染源有效的模式之一。犬类驱虫可用吡喹酮（5mg/kg）或阿苯达唑（15mg/kg），效果理想。同时，将犬粪进行无害化处理，以彻底杀灭虫卵，遏制致病源的扩散蔓延。牦牛应进行定点屠宰，病变脏器采用高压、焚烧或深埋等无害化处理，严禁出售。此外，要重视防治教育宣传，改善环境卫生，培养个人良好的卫生习惯，尤其是养殖人员的卫生管理很关键，应避免被病犬传播感染。牛棘球蚴病的治疗可使用碘醚柳胺、三氯苯唑和硝氯酚。其中，碘醚柳胺适用于牛棘球蚴病各个时期的治疗，对棘球蚴和成虫都有很好的治疗效果。

三、牦牛梨形虫病

梨形虫病又称蜱热或红尿热，是由蜱为媒介传播的一种血液原虫病。病原体主要包括巴贝斯虫（*Babesa bigemina*）和泰勒虫（*Theileria sinensis*）。该病在我国被列为牛的二类疫病。牦牛梨形虫病的传播媒介为青海血蜱，疾病流行与青海血蜱的消长活动相一致。当放牧条件恶劣、饲养管理不当、养殖环境卫生差等不良因素存在时，极易导致蜱的滋生，致使牦牛发病，给牦牛养殖户造成一定的经济损失。

1. 流行病学

本病为自然疫源性疾病，呈地方性流行或散发性流行。其发生和传播与放牧区蜱虫的分布活动密切相关，具有典型的季节性，多发于夏秋季和蜱类活跃地区。传播高峰期在每年 4 月上旬至 5 月上旬，发病高峰期在每年 7—9 月。各年龄段的牦牛均可发病，成年牦牛对本病的抵抗力相对较强，犊牦牛易感且病死率高。非疫区牦牛进入疫区后发病率高，死亡率可达 60％～92％。牦牛在患其他疾病或产后抵抗力下降时，更易感染梨形虫病。梨形虫寄生于牦牛红细胞内，其中双芽巴贝斯虫是一种大型虫体，典型形状是成双的梨籽形，尖端以锐角相连，红细胞染虫率为 2％～15％。泰勒虫具有多种形态，有些虫体具有出芽增殖的特性。当蜱叮咬牦牛时，虫体随蜱唾液进入牦牛体内，并由血液进入红细胞内寄生繁殖。

2. 临床症状

本病呈急性经过。牦牛病初体温升高，达 40～42℃，呈稽留热。病牦牛呼吸加快，食欲减退，体表淋巴结肿大，皮肤上可见成堆的蜱。发病中期反刍停止，可视黏膜潮红或有出血斑，多卧少立，交替出现便秘与腹泻症状，粪中混有血丝。随病程延长，病牦牛出现特征性血红蛋白尿和贫血症状，急性病牦牛可在 2～6d 内死亡。轻症病牦牛几天后体温下降，但恢复较慢。

3. 病理变化

剖检发现病死牦牛血液稀薄，不能正常凝固。各器官均可见出血点。肺水肿淤血，有小的出血点，肺门淋巴结肿大。肾肿大呈黄褐色，表面有散在出血点。全身淋巴结肿胀充血，外观呈紫红色，尤以肠系膜、肩前、肺纵隔淋巴结肿大、出血最为明显。心包积液，呈黄色，心脏内外膜有针尖大小的出血点。胆囊、脾和肝显著肿大。皮下脂肪呈胶冻样，也存在点状出血。

4. 诊断

根据发病牦牛临床症状、剖检病变、蜱类活动及当地流行特点可做出初步诊断。确诊需进行实验室病原学诊断。具体方法为：采集病牦牛耳静脉血，推成血涂片，吉姆萨染色镜检，仔细观察虫体的形态，在红细胞内找到特征性虫体（如紫红色梨籽形虫体），即可确诊为牦牛梨形虫病。

5. 防控措施

灭蜱是防控牦牛梨形虫病的主要方法。根据当地蜱的活动规律，使用敌百虫溶液和溴氰菊酯等药物杀灭蜱。同时，对圈舍、养殖场地及时消毒，以杜绝本病的发生和传播。健康牦牛也可于每年 3—4 月接种牛焦虫疫苗。治疗发病牦牛可给予蒿甲醚、贝尼尔等药物，但要注意观察可能出现的副反应。对重症病牦牛还应同时进行强心、解热、补液等对症疗法；用药期间应加强牦牛的饲养管理，适量给予优质饲草和饲料，有助于病牦牛恢复。

第三节　常见普通病的防控

牦牛的普通病包括内科病、外科病、产科病和眼病，分布广泛，严重影响牦牛的生产性能。较严重的普通病有前胃弛缓、瘤胃臌气、感冒、子宫内膜炎、犊牦牛肺炎、腹泻、腐蹄病等。许多疾病具有相似的临床症状，常混合发病。系统了解和掌握疾病发生的原因、规律和防控原则，可有效降低牦牛产业的经济损失。

一、前胃弛缓

牦牛前胃弛缓是由各种原因导致前胃系统神经兴奋性下降、肌肉收缩力减弱、瘤胃内容物运转缓慢、微生物菌群失调，产生大量发酵和腐败的物质，引起消化障碍、食欲减退或废绝，甚至全身机能紊乱的一种疾病。其主要表现为食欲减退，反刍、嗳气减少，前胃运动机能降低或停止，以及全身机能紊乱。常发生于冬、春季，特别是在夏季牧场和冬季牧场转场之际。该病是牦牛养殖中常见的一种疾病，需要及时控制病情，减少经济损失。

1. 发病原因

前胃弛缓大多与饲养管理有密切关系，如长期饲喂质量低劣、难以消化的饲料，或变质、缺乏维生素和矿物质的饲料，或饲养方式突然改变，都容易导致前胃弛缓发生。应激因素，如天气突变、长途运输、饥饿、离群、恐惧、断奶、感染等因素，或手术、创伤、疼痛等影响，也可引起消化不良。继发性前胃弛缓的病因包括消化器官疾病、传染病、寄生虫病、产科疾病及治疗用药不当造成菌群失调等。

2. 临床症状

该病的典型症状为病牦牛精神不振、食欲减退或废绝，反刍弛缓或停止，时常磨牙，呼吸不均。视诊可见腹围小、肷窝塌陷，触诊瘤胃内容物松软，听诊蠕动音减弱。发病初期病牦牛的排便量变化不大，但随着病程延长，出现排粪迟滞，粪坚硬，呈球状，发病严重时还会出现便秘症状；后期排出恶臭的稀粪，如果伴发前胃炎或酸中毒时，病情会急剧恶化，病牦牛精神极度沉郁，卧地不起，被毛杂乱，不断嗳气，口腔中呼出恶臭气味，行走无力。临死前病牦牛会出现极度的贫血症状，最后衰竭死亡。

3. 诊断

可根据病因和临床症状对病情做出初步诊断。确诊还需要进一步进行实验室诊断。临床上诊断牦牛前胃弛缓，主要采用纤维素性消化试验。具体方法是将棉线的一端系上小金属重物，放置于病牦牛的瘤胃液中进行厌气温浴，若棉线被消化断离的时间超过50h以上，则证明存在前胃弛缓，消化不良；必要时也可检测瘤胃内容物 pH，结合病牦牛的具体发病情况即可以确诊。

4. 防控措施

预防本病的关键是加强牦牛的饲养管理，宜按时、按质、按量饲喂牦牛，避免不规律因素造成消化功能紊乱，更换饲料应有过渡期，由少到多，一星期为1个换料过渡期。饲养密度应合理，加强牛群的运动，提高抗病的能力。做好环境卫生，定期消毒，有效防范不良应激因素对牦牛胃部系统造成影响。

临床上牦牛前胃弛缓治疗主要以增强前胃运动机能、促进反刍、清理牦牛肠道、防止内容物发酵、预防酸中毒为治疗原则。治疗时多使用中西医相结合方法，治疗效果较好。病初应加强病牦牛的护理，控制日粮饲喂量，宜投喂多汁饲料，多饮清洁水，适当增加牦牛运动量。促进前胃机能恢复，可给予新斯的明，肌内注射；促进瘤胃反刍，通常先服缓泻止酵剂，然后使用兴奋瘤胃蠕动的药物。对于存在瘤胃酸中毒的病牦牛可选择葡萄糖、碳酸氢钠、维生素 B_1、安钠咖等注射液纠正酸中毒。中药可选择使用开胃消食散。经对症治疗后，病情能够得到切实有效的控制。

二、瘤胃臌气

瘤胃臌气，也称肚胀、气胀，牧民称为"青草瘟"，是饲料在瘤胃内异常发酵，导致大量发酵气体在瘤胃和网胃内积聚，并呈现反刍紊乱和嗳气障碍的一种疾病。该病主要发生在初春和夏季。根据瘤胃内发酵气体的环境及其理化性质的不同，可分为2种类型，一种是原发性瘤胃臌气；另一种是继发性瘤胃臌气。在实际生产中，要每天观察牛群采食情况，及时发现、及时诊治，以降低牦牛养殖的经济损失。

1. 发病原因

病牛采食过量易发酵的饲料是其主要病因。饲料在瘤胃微生物的作用下迅速降解，产生大量气体，引起瘤胃和网胃急剧臌胀，主要表现为产气过多、排气障碍。产气过多与豆科牧草引起的泡沫性发酵有关，而排气障碍是嗳气反射功能紊乱引起的，主要是由于采食了发霉、腐败的饲料及有毒的牧草，造成瘤胃麻痹，蠕动缓慢。

2. 临床症状

瘤胃臌气发病突然、迅速，常在采食牧草15min后产生臌气。发病时病牦牛腹部突然胀大、凸起，尤其是左侧腹部更加明显。在病情发作过程中，病牦牛背腰拱起，因剧烈腹痛不停地回顾腹部或用后肢踢腹。触诊腹部紧张，叩诊发出鼓音。同时，食欲废绝，反刍、嗳气停止，张口伸舌，呼吸困难，不断呻吟，眼球突起、视网膜发绀，频繁少量排粪，有的体温会升高，有的出现站立不稳、摇摆走动、冒汗等症状，有的因体力不支倒地不起，这时瘤胃臌气程度加重，如果不及时采取措施，会导致病牦牛呼吸急促甚至窒息而亡。

3. 诊断

诊断该病，需要综合考虑多方面因素。根据牦牛的症状和饲养情况，分析发病原因，判断病情的发展阶段以及对其他器官所造成的影响，然后采取有针对性的治疗方案。一般来说，瘤胃臌气发病比较快，如果是饮食不当引起的，短期内会出现各种症状，根据临床症状，可初步判定为牛瘤胃臌气。

4. 防治措施

注意日常的饲养管理，避免牦牛采食过多幼嫩多汁的豆科牧草，切忌饲喂结块霉烂的草料。在饲料中可以加入少量干草或粗饲料。发现病牛，应及时治疗，消除瘤胃臌气的症状。治疗原则为排气减压，制止发酵，除去瘤胃内容物，恢复瘤胃功能。消除臌气可用松节油、鱼石脂、石蜡油或豆油等植物油，加适量清水充分混匀内服。恢复瘤胃机能可酌情选用兴奋瘤胃蠕动的药物，如酒石酸锑钾和番木鳖酊灌服，也可注射"胃动力"注射液。同时，配合瘤胃按摩和牵引运动，疗效显著。急性病例可采取瘤胃穿刺术或切开术进行手术治疗。

三、感冒

牦牛感冒，又称"伤风"，是由于天气变化或病毒感染引起牦牛上呼吸道炎症为主的一种急性、热性和全身性疾病。此病一年四季均发，防控关键时期在早春、初秋和晚秋天气多变时节。应做好防风保暖，精心护理，做好防病准备。一旦发现疑似病例，须早发现早治疗。

1. 发病原因

牦牛感冒多因流感病毒感染所致。病牦牛的呼吸道分泌物中带有流感病毒，经咳嗽、喷嚏等通过飞沫或空气传播引起流行，能在2～3d迅速波及全群。此病不分品系、年龄等均可感染，且以妊娠牦牛感染率最高。此外，牦牛免疫力差、抵抗力下降、天气突变、过劳、受寒或长途运输应激等可诱发此病。

2. 临床症状

该病临床特征为体温升高和呼吸道炎症症状。病牦牛精神不振，体温高达40～41℃，呈稽留热，多数病牦牛耳尖、鼻端和四肢末端发凉，个别牦牛口流白沫。病牦牛食欲减退或废绝，反刍减少或停止；结膜潮红或轻度肿胀，怕光流泪，鼻镜干燥，鼻液浆性或脓性，呼吸急促，心跳加快，伴有咳嗽。病程一般为3～5d，一般预后良好。重症病牦牛病程迁延反复，可引起腹泻、消瘦等。若不及时治疗，妊娠母牛可发生流产，产死胎、木乃伊胎；犊牦牛常继发支气管肺炎或其他疾病，甚至器官衰竭而死亡。

3. 诊断

根据流行病学、临床症状和病理变化基本可做出判断。确诊需结合实验室诊断。病牦牛血液检查可见中性白细胞数增多，镜检白细胞明显有核左移现象，这是该病的关键特征。同时，要注意不同病症的鉴别，患流感的病牦牛出现高热，全身症状严重，具有传染性，往往大规模群发；患风寒感冒的病牦牛一般体温正常，但怕冷喜热，皮温不均，鼻耳冰凉，鼻液清亮；患风热感冒的病牦牛有发热、口干舌红、咽喉肿胀、呼吸频率快、心跳加快、伴有消化不良、粪干燥、尿量减少等症状。检查病牦牛口腔咽部及扁桃体黏膜红肿充血，呈卡他性炎症变化。

4. 防治措施

加强易感季节的早期防控，是科学防病的关键。第一，注意牛舍防寒，做好保暖工作，避免牛群受凉受寒。第二，注意牦牛饲养管理，以增强牦牛体质及抗病力。第三，及时清洗、消毒牛舍，确保干燥卫生，降低发病率。此外，在放牧期间，应避免牦牛暴饮冷水，以降低此病的易感性。

治疗原则为清热解毒、抗菌消炎，防止继发感染。一般用安乃近或柴胡注射液肌内注射，治愈效果良好；防止继发感染可联用青霉素和磺胺类药物。灌服中药也可取得较好的预防和治疗作用。

四、子宫内膜炎

子宫内膜炎是由于子宫内膜受病原体感染而发生的炎症性疾病，是牦牛养殖期间的常见病和高发病，该病多发于产后牦牛。该病影响繁殖器官的正常生长和各种繁殖激素的分泌代谢，最终表现为繁殖母牛发情不稳定、发情不规律、隐性发情或停止发情，严重影响母牦牛的繁殖性能，给牦牛养殖业发展造成了较大损失。

1. 发病原因

病原菌感染是导致子宫内膜炎发生的主要原因。常见致病菌有大肠杆菌、链球菌、布鲁氏菌和变形杆菌等。一些机械性因素，如子宫脱落、流产、死胎、胎衣不下、种间杂交、助产不当、人工授精、器械消毒不严等原因均易使病原菌入侵感染，产生有毒有害物质，引发子宫黏膜损伤和炎症病变，造成子宫内膜炎。此外，因饲养管理不当，母牛分娩后抵抗力差，营养供给不足，激素调节失常，也为病原菌入侵创造了条件。

2. 临床症状

最常见的为急性子宫内膜炎，多发于流产母牦牛及胎衣不下的母牦牛。典型症状为胎衣不下，子宫收缩无力，子宫腔内有大量脓性黏液；病牦牛体温升高，食欲明显减退，精神不振，易暴躁，频频努责，但无尿液排出，阴道流出大量脓性分泌物，伴有恶臭味，粘连于尾根。

慢性子宫内膜炎的大多数病例由急性病例转化而来。病牦牛往往表现全身症状，母牦牛性周期紊乱或不发情，屡配不孕或发生流产，伴有贫血和消瘦，阴道流出脓性分泌物，气味腥臭。黏液性子宫内膜炎的病牦牛全身症状不明显，消瘦，不发情或屡配不孕，阴门排出少量白色的分泌物，有的只在发情时才排出，平时正常。

3. 诊断

该病最常用的诊断方法是直肠和阴道检查。直肠检查发现母牦牛子宫角变粗，子宫壁增厚，触碰带有波动感；压迫子宫，阴道可排出大量脓汁。实验室诊断最常采用细胞学检查技术，方法是向子宫中注射生理盐水，检测排出液中的中性粒细胞数量。还可用 B 超探查子宫，观察是否有炎症病变，诊断更加简便。

4. 防治措施

为降低牦牛子宫内膜炎的发病率，一方面，饲养人员需认真做好预防工作，尤其是在母牦牛妊娠期间，要强化饲养管理，保证饲料营养均衡，提高母牦牛抵抗力；另一方面，饲养人员也要注意杀虫消毒工作，制订防疫方法，降低感染率。在助产和人工授精等过程中，随时做好消毒工作，保证操作的规范性和准确性，避免造成子宫损伤，以防病菌侵入感染。

目前，临床上子宫内膜炎的治疗仍以抗生素为主，促进炎性分泌物排出，改善子宫内血液循环，促进子宫机体机能康复。有条件的养殖场可从子宫深部采集脓性分泌物，分离培养细菌，进行药敏试验，筛选出敏感抗生素。局部治疗多采用灌注子宫的方法，药物可用青霉素、链霉素和金霉素。促进子宫收缩，可用高锰酸钾溶液冲洗子宫，或用麦角新碱或催产素等促子宫收缩类药物。也可根据临床发病特点采取中药治疗，如生化汤，配合抗菌类药物，治疗效果显著。

五、犊牦牛肺炎

犊牦牛肺炎较为常见，是由肺部炎症引起的严重呼吸障碍疾病。主要见于出生后 2～7d 的犊牛。该病不仅可引发呼吸道病变，还可引起消化道疾病和关节炎。该病一年四季均可发生，多见于天气多变的早春、晚秋季节。犊牦牛发病率和死亡率都较高，危害性大，给养殖户带来较大的经济损失。

1. 发病原因

2 月龄内的犊牦牛自身免疫力最低，为感染肺炎的关键期。由于气温骤变、寒冷、潮湿，带犊母牦牛营养不良，乳量少或哺乳不足，致使犊牦牛体弱或感冒而发病。

2. 临床症状

根据临床症状，犊牦牛肺炎可分为急性型和慢性型，病程可持续 4～20d。

（1）急性型　病犊牦牛表现为体温升高，达 40～41.5℃，弛张热型，食欲减退甚至废绝，精神不振，呆立不动，咳嗽，鼻镜干，流黏性或脓性鼻液；听诊心律不齐，心跳加快，肺部有啰音或湿啰音，叩诊呈半浊音或浊音；严重感染病例，嘴角有白沫，喘气甚至呼吸困难，最终因心力衰竭而死亡。

（2）慢性型　病犊牦牛出现间断性咳嗽，呼吸较困难，但精神状况尚好；少数病牦牛发热，体温最高升至 40.5℃；犊牦牛被毛粗乱，生长缓慢，渐显消瘦。个别感染病例，目光呆滞，眼窝下陷。患慢性肺炎的犊牦牛很少能够完全康复，饲养价值低。

3. 诊断

根据临床症状、病理变化和流行病学调查可做出初步诊断。犊牦牛肺炎症状，多数极其相似。剖检可见肺部化脓、坏死，并有干酪状分泌物。实验室进行细菌纯化和分离，鉴定菌株，可进一步确诊。方法为无菌采集病犊牦牛鼻腔深部黏液，进行革兰氏染色镜检和动物回归性试验鉴定菌株，并进行药敏试验，明确犊牦牛肺炎病原。

4. 防治措施

新生犊牦牛抵抗力差，又受到外界恶劣天气的影响，很容易生病、死亡。强化犊牦牛饲养管理，做好新生犊牦牛的护理及犊牦牛常见病的防治，是降低犊牦牛死亡率、提高牦牛繁殖成活率的重要措施。要合理饲喂妊娠母牦牛，保证产出健壮的犊牦牛；提高母牦牛产奶质量，让犊牦牛进食足量优质的初乳，增强犊牦牛抵抗力，减少染病概率。另外，犊牦牛要分群饲养，避免不同年龄的犊牦牛混养或犊牦牛和成年牦牛混养，发现病犊牦牛及可疑病犊牦牛要立即隔离饲养。感冒是导致犊牦牛肺炎的一个重要原因，要减少环境应激因素，做好环境卫生和圈舍清洁、干燥、通风透气，谨防犊牦牛受寒引起感冒。

治疗原则是镇咳祛痰和消除炎症，目的是抑制病原菌的生长，防止败血症和酸中毒。一般细菌性或支原体肺炎可以选用抗生素药物，如青霉素、链霉素、卡那霉素、磺胺类药物或大环内酯类药物。另外，还应补充适量的葡萄糖和维生素 C 及维生素 B_1 等，以增强体质，治疗效果更明显。镇咳祛痰可内服氯化铵或向气管中注入 5％的薄荷脑石蜡油。补液治疗时要控制好用量，以免造成肺水肿加重病情。

六、犊牦牛腹泻

犊牦牛腹泻发病率很高，是犊牦牛死亡和影响其后期生长发育的主要原因。犊牦牛腹泻大多发生在犊牦牛 10～15 日龄，2～4 月龄也有发生。临床上犊牦牛腹泻有 2 种，一种是微生物感染引起的感染性腹泻；另一种是饲养员管理不到位，喂食和防治不科学，引起犊牛消化不良发生的腹泻。

1. 发病原因

犊牦牛腹泻病因很复杂，饲养管理不当、妊娠期母牦牛营养不足及环境因素都是该病的诱因。如母牦牛产后泌乳量少、初乳质量差、新生犊牦牛未及时吃到初乳或吃乳量不足、饥饱不匀，均极易引起腹泻。新生犊牦牛体温调节机能不健全，天气突变，如雨雪、沙尘、干湿天气等，会直接影响犊牦牛的胃肠道功能，引起腹泻。牛舍内部温度低、卫生条件差、潮湿等也可引起该病。

2. 临床症状

病犊牦牛主要临床症状为腹泻。早期排稀粥状粪，颜色呈黄绿色，混有一些黏液、血丝或脱落的黏膜，有刺鼻的异味，粪还会附着在肛门周围、尾毛、飞节及股部。随着病程发展，排便次数增多，粪稀薄呈水样，常带有黏膜和血液，恶臭。犊牦牛精神不振，出现食欲减退或废绝、消瘦及脱水症状。肠毒血型的病程短促，最急性的一般 1d 内死亡；肠炎型的 3～5d 后因脱水死亡。

3. 诊断

结合病史和临床症状可对该病做出初步诊断。确诊可根据病理变化、肠道微生物检验、血液化验和粪检查鉴定。采集病犊牦牛粪，或剖检取肠系膜淋巴等病料，分离病原。结合流行病学做出综合判断，如大肠杆菌感染最易发生于 1～3 日龄犊牦牛，冬季是感染高发期等。

4. 防治措施

加强妊娠母牦牛的饲养管理，合理供应饲料，保证蛋白质、维生素和微量元素等的补充，以保证生产出健壮的犊牦牛及提高母牦牛产奶量。生产期需要对畜舍和母牦牛进行清洁消毒，保持畜舍环境清洁干燥，防止犊牦牛舔食泥土、污水和污染的饲草饲料。犊牦牛出生后应尽早吃到足量的初乳，以增强犊牦牛抗病能力，防范各类肠道疾病。此外，犊牦牛舍要有良好的光照和通风，保持适宜的温度；早晚清除粪尿，保证犊牦牛适当运动，防止久卧湿地；一旦发现病犊牦牛，要加强护理并立即隔离治疗。

犊牦牛发病要及早治疗，主要原则是祛除病因，改善饮食，抑菌消炎，缓泻制酵，调整胃肠机能。腹泻早期可给予环丙沙星、恩诺沙星或磺胺嘧啶钠等药物静脉注射，治疗效果很好。若粪恶臭，混有血丝、凝血块和气泡，可用痢特灵（呋喃唑酮）片剂口服治疗。由消化不良引起的腹泻，可用碳酸氢钠片、健胃散等助消化类药物治疗。

七、腐蹄病

牦牛腐蹄病，又称坏死性蹄皮炎或趾间坏死杆菌病，是一种高度接触性、传染性疾病。成年牦牛发病率较高，病牦牛蹄部角质腐败，流出黑色或红黄色黏稠分泌物。放牧地区发病率通常在8%～20%，部分地区发病率高达50%以上。

1. 发病原因

该病病因复杂，是病原体、环境、营养等因素综合作用的结果。致病菌主要包括结节状类杆菌、产黑色素类杆菌、坏死梭杆菌。此外，还有酵母菌、脆弱类杆菌及螺旋体等。饲养管理条件差，蹄部长时间浸泡在尿液与粪中，导致蹄部变软、挫伤，易感染病原体。饲养管理方面，牦牛饲喂不合理、缺乏运动、未定期修蹄护蹄或过度削蹄等，也易导致抵抗力下降，感染坏死梭杆菌而发病。

2. 临床症状

病牦牛初期出现跛行、烦躁、喜卧、站立和行走困难等症状，蹄部皮肤红肿。随着病程发展，蹄部组织严重化脓、坏死、腐败，病灶处可见黑色或者深红色、黏稠的恶臭分泌物。病牦牛体温升高、食欲减退、体重下降，如不及时治疗，会造成蹄壳脱落或腐烂变形，蹄部韧带与肌腱甚至骨头坏死等。

3. 诊断

牦牛的腐蹄病较易诊断。该病最明显的症状是跛行，检查蹄部，一般是2蹄2趾被感染。发病初期趾间皮肤发红、肿胀，病变部位有灰色或黑色恶臭脓性分泌物和坏死组织；严重的蹄部腐烂甚至穿孔，最严重的整个蹄壳脱落。实验室诊断可无菌采集病灶处的黑色液体，接种于血琼脂平板，培养后可见灰白色菌落，周围有溶血现象；染色镜检可见形态不一的丝状杆菌。

4. 防治措施

在牦牛养殖中，应科学建造圈舍，选择地势高且干燥的地方，以免长期泥泞。及时清除圈舍粪尿，定期消毒，确保整个养殖环境清洁干燥。在牛舍出入口处放置消毒池进行蹄浴，并由专业人员修整牛蹄，每年2次。避免牦牛的蹄部黏膜遭受损伤，发现外伤时应及时消毒处理。合理配比饲料，保证饲料中有足够的维生素、锌、硒及钙磷比例；发现病牦牛要隔离饲养。综合采取以上措施，可预防腐蹄病的发生和传播。此外，根据病情程度，可进行对症治疗，通常对蹄部进行清理修剪，再配合抗生素或中药药物治疗，可起到很好的治疗效果。

第四节　大通牦牛常规免疫接种程序

大通牦牛常规免疫接种程序见表8-1。

表 8-1　大通牦牛常规免疫接种程序

疫苗名称	免疫对象	规格	免疫期	保存方法	接种及投药剂量	注意事项	春季免疫接种、用药时间	秋季免疫接种、用药时间
口蹄疫O型、亚洲Ⅰ型二价灭活疫苗	牛	100mL/瓶	4～6个月	2～8℃避光保存	肌内注射，成年牛2～3mL，1岁以下犊牛每头1mL	给患病、瘦弱、临产前1.5月妊娠牛注射疫苗时严格按说明书要求操作，疫苗瓶开封后限当日用完；注射疫苗21d后方可移动或调运	3月15—30日	9月1—10日，10月20—30日
口蹄疫A型灭活疫苗	牛	100mL/瓶	半年	2～8℃避光保存	肌内注射，6月龄以上牛每头2mL，6月龄以下犊牛每头1mL	给患病、瘦弱、临产前1.5月妊娠牛注射疫苗时严格按说明书要求操作，疫苗瓶开封后限当日用完；注射疫苗21d后方可移动或调运	3月15—30日	9月1—10日，10月20—30日
牛多杀性巴氏杆菌灭活疫苗	牛	100mL/瓶	9个月	2～8℃避光保存	皮下注射或肌内注射，体重100kg以下的牛4mL；体重100kg以上的牛6mL	正在流行疫病的牦牛群中不得使用，有病、体弱、妊娠、产后不久等牦牛不宜注射；使用前将疫苗充分摇匀，打开的疫苗须当日用完	4月15—30日	10月1—30日

（续）

疫苗名称	免疫对象	规格	免疫期	保存方法	接种及投药剂量	注意事项	春季免疫接种、用药时间	秋季免疫接种、用药时间
牛副伤寒灭活疫苗	牛	100mL/瓶	半年	2～8℃避光保存	肌内注射，1岁以下每头1mL；1岁以上每头2mL	妊娠牛应在生产前45～60d时接种；犊牦牛应在出生后30～45日龄时进行接种；注射疫苗时严格按说明书要求操作，疫苗瓶开封后限当日用完；初用该疫苗的牦牛群过敏反应较为多见，发生过敏反应时应采用肾上腺素急救；瘦弱牛不宜使用	4月15—30日	10月1—30日
无荚膜炭疽芽孢疫苗	牛	100mL/瓶	1年	2～8℃避光保存	皮下注射，1岁以上牛1.0mL；1岁以下0.5mL	使用前将疫苗充分摇匀，打开的疫苗须当日用完；正在流行疫病的牦牛群不得使用，妊娠牦牛及产后不久的牦牛不易注射；如发生不良反应，应使用抗生素急救；注射后14d方可屠宰	5月20日至6月10日	无
伊维菌素类	牛	100mL/瓶	1年	2～8℃避光保存	肌内注射，本年1.0mL，1岁牛2mL，2～3岁牛3mL，成年牛4mL	切勿与其他水针剂配注；用于防治牦牛皮蝇蛆病、包虫病、线虫病，以及虱、螨病和其他寄生虫病	1月1—15日，3月15—30日	9月1—15日
吡喹酮	犬	100片/瓶		2～8℃避光保存	内服，一次量，每千克体重2.5～5mg	驱虫时将犬拴养，犬粪收集焚烧或深埋处理	每季度驱虫一次	

第九章
大通牦牛场建设与环境控制

牦牛生产性能不仅取决于自身的遗传因素，还受外界环境条件的制约。大通牦牛怕热不怕冷，耐粗饲且具有一定的野性，生产中要根据大通牦牛的生活习性、生理特点和对环境条件的要求，综合考虑，合理布局，结合不同地区的特点，科学选择牛舍地址，设计牛舍，为牦牛生产创造适宜的环境条件。

第一节　选址与建设

一、场址选择要求

（1）应符合当地有关规划要求。牦牛场选址应符合当地农牧业生产发展总体规划、土地利用、城乡建设和环境保护等发展规划的总体要求。要根据养殖规模按照每头牦牛占用面积计算土地面积，按建设规划一次性完成征地。

（2）场地应平坦高燥、背风向阳、环境安静、地质条件能满足建设要求。

（3）应配套一定的饲料地，以解决青贮饲料或干草的需要，同时应具备就地无害化处理粪尿、污水的能力和排污条件，实现种养结合，形成良性生态循环。

（4）应水源充足、水质卫生符合人畜生活饮用水水质的相关标准。

（5）应符合卫生防疫要求，距周边居民区1 000m以上，且常年处于主导风向的下风处；周围1 500m内，不得有有毒有害产物散播的工厂，以及畜禽屠宰场、皮革厂、肉联厂等容易产生污染的工厂。

二、牛场规划设计

牛场整体布局要因地制宜，充分利用场区原有地势和地形，在满足采光、通风要求的前提下，合理安排建筑物朝向，便于防寒防暑。牦牛场应按功能进行分区，并根据主导风向和地势依次布局，包括生活区、管理区、生产区，以及粪污处理区，各个建筑物的位置根据区域功能确定，使各建筑物之间取得最佳联系，保障牦牛场各项工作顺利进行。建筑面积和建筑类型要满足牦牛的生理需求，适应牦牛的年龄、体格大小和生活习性，既能满足牦牛的福利需求，又能节约建设成本。

三、牛舍类型

大通牦牛养殖主要以放牧为主，舍饲养殖起步较晚。目前主要有半开放式牛舍、封闭式牛舍2种。

（1）半开放式牛舍　半开放式牛舍的建造价格低廉，适合小规模养殖，可分为单列半开放式牛舍和双列半开放式牛舍。其样式大体为向阳的一面为露天状态，一半左右的区域搭建棚顶，用围栏围绕起来。牦牛散放于其中，水槽与料槽设在棚内。这类牛舍投资小、节省劳动力、管理要求低，但不利于防寒。

（2）封闭式牛舍　封闭式牛舍四面有墙和窗户，顶棚全部覆盖，可分为单列封闭式舍和双列封闭式舍（图9-1、图9-2）。封闭式牛舍是对通风口要求最高的一种，温度主要靠通风口控制。单列封闭式牛舍只有一排牛床，舍顶可修成平顶也可修成脊形顶。牛舍跨度小、易建造、通风好，但散热面积相对较

图9-1　双列封闭式牦牛舍外部

图 9-2 双列封闭式牦牛舍内部

大。双列封闭式牛舍内设有两排牛床，两排牛床多采取头对头式饲养，中央为饲喂通道，舍宽 12m，高 2.7～2.9m，修成脊形顶。

四、牦牛舍建造要求

修建多栋牦牛舍时，应采取长轴平行配置，当牛舍超过 4 栋时，可以 2 行并列配置，前后对齐，相距 10m 以上。

1. 种公牛舍建设参数

大通牦牛种公牛舍一般采用单列半开放式，舍内分成单栏。一般牛舍单栏宽 3.3m，饲喂通道宽 2.2m，牛床长 5m，运动场长 8m。牛舍的长度以场地大小决定，每栏可圈养 1 头种公牛。

2. 母牛舍建设参数

建议在大型牦牛养殖场使用双列式牛舍，南北走向。牛舍总宽度为 30m，牛床两侧各宽 5m，运动场两侧各宽 8m，饲料通道 4m；牛舍的长度根据场地大小确定，每 12m 设 1 栏，每栏 9～10 头牦牛。

建议在小型牦牛养殖场使用单列式牛舍，东西走向。跨度 7.5m，长52m，其中牛舍长 48m，饲养员居住室长 4m；每 6m 设 1 栏，共 8 栏，每饲养 50 头牦牛配 1 名饲养员。采用大圈小栏，每栏 6～7 头牛，以减少新牛入圈时打斗产生应激。

（1）牛舍面积　每头牦牛实际占地面积 7～8m^2。

（2）运动场面积　每头牦牛 15m^2，运动场面积应为牛舍面积的 2.5 倍左右。

（3）檐高及屋面　牛舍檐高 3.5～4.0m。屋面建议使用 8～12cm 的复合保温彩钢板。

（4）窗　后墙活动窗高 0.8m、宽 3m，用镀锌管焊接窗户架，两侧各焊接 1 个支架。夏季为了便于通风，可以把窗户取掉或用支架支起；冬季盖上窗板以防风、保暖。

（5）活动房檐　牛舍前沿设宽 3m、高 1.5m 的活动房檐。夏季用支架支起，遮挡强光；冬季放下，保暖、防寒。

此外，母牛舍内应设犊牛补饲栏，便于犊牛补饲。

3. 犊牛舍建设参数

每头犊牛占地面积为 1.5～3m²。犊牛栏长 3m、宽 2m，围栏高 0.8m，每栏可养 1 月龄以内犊牛 4 头或 1 月龄以上犊牛 2～3 头。犊牛舍应建在母牛舍运动场的两侧，应有防暑降温设施。

4. 架子牛舍建设参数

（1）牛舍面积　每头牛 5～6m²。

（2）运动场面积　每头牛 10～15m²。

5. 隔离舍建设参数

用于新购入牦牛的隔离、观察和病牛的诊断治疗。建设要求同母牛舍。

6. 育肥牛舍建造要求

（1）牛舍建造参数　建议采取双列对头式牛舍，大舍小栏散养，每栏12～15 头牦牛，每头牦牛槽位宽 0.8～1m，运动场面积 10～15m²；拴系饲养的牦牛槽位宽 1.0～1.3m。由于育肥牛在牛舍内长期生活（6～12 个月），采光对育肥牛的生长及育肥增重至关重要。建议育肥牛舍的建设采用南北朝向，利于采光。

（2）牛舍地面　常用立砖地面或水泥防滑地面，地坪要比牛舍外地坪高 20～30cm。地面应坚实，坡度以 3% 为宜。

（3）运动场　周围设围栏，围栏由立柱和横柱组成，横柱间隔 30～35cm，立柱间隔 1.5～2.0m，立柱高 1.2m，柱脚用水泥包裹。70% 的运动场用立砖地面，30% 用沙土地面，整体地面向排水沟方向倾斜 3%。运动场设饮水槽和凉棚。

第二节　养殖场设施设备

牦牛养殖场设施设备的建设和配备应便于牦牛的饲养管理，便于牛舍采光，便于夏季防暑、冬季防寒，便于防疫的需要。主要包括牛床、牛槽、运动场、饲养通道、饮水及排水设施、防暑降温及御寒设施、饲料库、干草棚及草库、兽医室和病牛舍等。

1. **牛床**　建议使用沙土地面或立砖地面，坡度为 2%～3%。

2. **牛槽**　目前多采用地面槽和低槽床。地面槽分为 2 种：一种是平面槽；另一种是凹面地面槽。低槽床要求宽 60cm、高 28cm，槽底中间铺瓷砖。使用机械送料的牦牛场，建议使用凹面地面槽。

3. **运动场**　有水泥地面和砖铺地面 2 种。水泥地面应粗糙，不可太光滑。砖铺地面要求防渗层上垫沙 5～10cm，并在上面铺立砖。不管何种地面，坡度建议要向牛舍方向倾斜 2%～3%，便于尿水集中到粪尿沟，也便于运动场远端保持干燥。建议活动场地上方搭建透明瓦，以防雨淋，减少清粪次数。

4. **饲养通道**　人工饲喂时，饲喂通道宽约 2m；机械送料时，饲喂通道宽 3.5～4m。

5. **饮水及排水设施**　建议在活动场地外侧建饮水池，饮水槽与食槽分离，并有一定的距离，促使牦牛活动。建议使用加温饮水器，其优点是保证饮水清洁。同时，冬季能够保证牦牛（特别是犊牦牛）喝到温水。另外，可减少牦牛发病。排污沟坡度向沉淀池方向倾斜 1.5%～2%。

6. **防暑降温及御寒措施**　防暑降温主要措施是开窗通风，牛舍要檐高且屋面使用复合板保温；御寒主要是安装挡风设备。

7. **饲料库**　建造时应选在离每栋牛舍的位置都较适中，而且位置稍高，既干燥通风，又利于成品料向各牛舍运输的地方。

8. **干草棚及草库**　应尽可能地设在下风向地段，与周围房舍至少保持 50m 以上的距离，单独建造，既要防止散草影响牛舍环境美观，又要达到防火安全的目的。

9. **兽医室和病牛舍**　应设在牛场下风头，而且相对偏僻的位置，便于隔离，减少空气和水的污染传播。

第三节　养殖场环境控制

牦牛舍舍内环境质量严格按照 NY/T 391—2013 的要求执行。单列封闭式牦牛舍，应坐北朝南设置，舍内应保暖、干燥通风并有良好的采光性能。冬、春季节舍内温度以 6～8℃ 为宜，相对湿度以 70％～80％ 为宜。牛舍的环境包括外界环境和牛舍环境。外界环境常指大气环境，其中包括温度、湿度、气流、光照、尘埃、有害气体和噪声等因素；牛舍环境包括温度、湿度和有害气体、安全控制、牦牛场的绿化等因素，对牦牛的影响更明显。

一、外界环境

1. 温度

环境温度适宜时，牦牛增重最快。温度过高，牦牛增重缓慢；温度过低，饲料消化率降低，同时代谢率提高，牦牛需增加产热量来维持体温，显著增加饲料消耗量。因此，牦牛舍夏季要做好防暑降温工作，冬季要注意防寒保暖，为牦牛生存提供适宜的环境温度。

2. 湿度

在一般温度环境中，空气湿度对牛体的调节没有影响，但在高温和低温环境中，空气湿度高低对牛体热调节产生作用。一般是湿度越大，体温调节范围越小。高温高湿常常会导致牦牛体表水分蒸发受阻，体热散发受阻，体温很快上升，机体机能失调，呼吸困难，最后致死。低温高湿会增加牦牛机体热量散失，使体温下降，生长发育受阻，饲料转化率降低。另外，高湿环境容易滋生各类病原体和各种寄生虫。一般牛舍空气相对湿度以 70％～80％ 为宜。

3. 气流

气流通过对流作用，使牛体散发热量。牛体周围的冷热空气不断对流，带走牛体所散发的热量，起到降温作用。一般来说，风速越大，降温效果越明显。寒冷季节，若受大风侵袭，会加重低温效应，使牦牛的抗病力减弱，尤其对于犊牦牛，易患呼吸道、消化道疾病，如肺炎、肠炎等，因而对牦牛的生长发育非常不利。炎热季节，加强通风换气，有助于防暑降温，并可排出牛舍中的有毒有害气体，改善牛舍环境卫生状况，有利于牦牛增重和提高饲料转化率。

4. 光照

阳光中的紫外线对动物起的作用是热效应。冬季牛体受日光照射有利于防寒，对牦牛的健康有好处。阳光中的紫外线具有强大的生物学效应。照射紫外线可使牛体皮肤中的 7-脱氢胆固醇转化为维生素 D，促进牛体对钙的吸收。紫外线还具有强力杀菌作用，还能使畜体血液中的红细胞、白细胞数量增加，提高机体的抗病能力。可见光除具有一定的热效应外，还为人畜活动提供了方便。但紫外线过强照射也有害于牦牛的健康，会导致牦牛中暑。一般条件下，牦牛舍常采用自然光照，光照不仅对牦牛繁殖有显著作用，对其生长发育也有一定影响。

5. 尘埃、有害气体和噪声

新鲜的空气是促进牦牛新陈代谢的必需条件，并可减少疾病的传播。空气中飘浮的灰尘和水滴是微生物附着和生存的好地方，因此为防止疾病传播，牦牛舍一定要避免粉尘飞扬，保持圈舍通风换气良好，尽量减少空气中的灰尘。封闭式牛舍，如设计不当或管理不善，会由于牦牛的呼吸、排泄物的腐败分解，使空气中的氨气、硫化氢、二氧化碳等增多，影响牦牛生产力。牦牛舍中二氧化碳含量不超过 0.25%，硫化氢不超过 0.001%，氨气不超过0.002 6mg/L。较强的噪声环境可导致牦牛生长发育缓慢，繁殖性能不良。一般要求牦牛舍的噪声水平白天不超过 90dB，夜间不超过 50dB。

二、牛舍环境控制

1. 牛舍的温度控制

为了消除或缓和高温对大通牦牛的有害影响，必须做好牦牛舍的防暑降温工作。在天气炎热情况下，通过降低空气温度，增加非蒸发散热，保护牦牛免受太阳辐射、增强牦牛的传导散热、对流散热等方法来解决高温的影响。气温高于 25℃时，牦牛就开始出现热应激反应。防暑最好的方法是注意牛场建设布局的通风性能，防止设施成为牦牛舍夏季风的屏障。运动场上可对立搭建部分凉棚。此外，在牛舍或牛棚安装大型排风扇和喷雾水龙头等也是防止牦牛中暑的有效手段。冬季牧区气温较低，需加强防寒工作。牦牛是比较耐寒冷的动物，但是温度过低会导致牦牛生长缓慢、饲料转化率降低、饲养效益下降、舍饲牛舍还要防止贼风。牦牛舍多为半开放式，在冬、春季大风天，迎着主风向的牛舍面应挂帘阻挡寒风。

2. 牛舍的湿度和有害气体控制

牛舍内的湿度过高和有害气体超标是危害牛舍环境的重要因素。它来源于牛体排泄物的水分、呼出的二氧化碳、水蒸气和舍内污物产生的氨气、硫化氢、二氧化硫等有害气体。要对舍内气体实行有效控制，主要途径就是通风换气，引进新鲜空气，使牛舍内的空气质量得到改善。牦牛粪尿等排泄物要及时清除，如果粪尿在牛舍堆积就会产生异味和有害气体，招引蚊虫、滋生细菌，不利于牦牛生长发育，而且容易污染环境引发疾病。牛舍可设地脚窗、屋顶天窗、通风管等加强通风。为了适应季节和气候的不同，在屋顶风管中应设翻板调节阀，可调节其开启的大小或完全关闭，而地脚窗则应做成保温窗，在寒冷季节时可以将其关闭。此外，必要时还可以在屋顶风管中或山墙上加设风机排风，以使空气流通，加快热量排放。

3. 安全控制

牦牛场安全中最重要的是防火，因干草堆及其他粗饲料极易被引燃，管理不当的干草堆被雨淋湿后，在微生物作用下会发酵升温，如不及时翻晾，将继续升温而引起"自燃"，造成火灾。除制订安全责任制度外，还需配备防火设备，如灭火器、消防水龙头等。还要防止牦牛逃跑，围栏门、牛舍及牛场大门都要安装结实的锁扣。

4. 牦牛场的绿化

牛场绿色植物可利用二氧化碳、水和阳光进行光合作用，吐氧吸碳，吸收热量，不仅可以遮阳和防暑，而且还能释放多种植物杀菌素，杀灭悬浮在空气中的各种病原体，还可阻隔噪声，美化环境，调节牛场小气候，提供安静的环境。所以，在进行场地规划时，必须留出绿化地，包括防风林、隔离林、行道绿化、遮阳绿化、绿地等。

第四节 养殖场废弃物处理

近年来，随着我国畜禽养殖业迅速发展，畜禽养殖业规模化、集约化的程度不断提高，畜禽养殖所产生的大量粪便和污水也成为重要的污染源。大通种牛场地处青海省西宁市水源上游，牛场产生的废弃物如处理不好将造成城市周边环境恶化，地表水、地下水的严重污染，影响人畜健康及畜牧业可持续发展。因此，治理畜禽养殖污染刻不容缓。

大通牦牛主要以放牧为主，但随着牦牛制种和供种数量的增多，草场压力越来越大，集约化、规模化饲养逐步成为牦牛养殖发展方向。牦牛舍饲将产生大量的牛粪及其废弃物，需要及时处理。畜禽粪便利用方式和无害化处理技术较多，目前的处理方法主要包括干燥处理法、除臭处理法、综合处理法及有机肥生产等几方面。

一、干燥处理法

干燥处理法是利用燃料、太阳能、风能等产生的热量迅速降低畜禽粪便的含水量，直至达到堆积发酵水平。现有的干燥处理技术主要有物理干燥法、化学干燥法和生物干燥法3种。物理干燥法主要是通过对粪便进行沉淀、离心、过滤、冷冻、直接烘干和焚烧等手段对粪便进行干燥处理；化学干燥法主要是在粪便中加入适量化学药剂，并通过沉淀使粪便发生絮凝并分离获得液体或脱水污泥；生物干燥法是一种新兴的干燥技术，其原理是在畜禽粪便堆肥过程中，利用微生物分解有机物产生的热量，加快粪便中水分的蒸发，从而使粪便干燥、降低固体粪便含水量。生物干燥法操作简单、投资少、粪便养分在处理过程中损失少，可与除臭技术结合使用。

二、除臭处理法

在储存和堆肥过程中，粪便会发酵产生大量恶臭气体。目前，我国养殖场主要通过物理除臭、化学除臭和生物除臭等方法对粪便进行除臭处理。除臭技术包括吸收法、吸附法、氧化法、掩蔽剂、中和剂、高空扩散稀释和臭氧氧化等。生物除臭法是利用微生物对恶臭气体成分进行分解、转化，最终达到除臭的目的，因此又称微生物除臭法，是目前应用最为广泛的除臭方法，适合广大规模化牦牛养殖场使用。

三、综合处理法

综合处理法的最终目的是尽可能多地利用畜禽粪便中的营养物质和能源，减少对环境造成破坏的污染物的排放量。综合处理法一般是多种粪便处理技术的组合，其中以生物处理技术为主。生物处理技术是最近几年研究较多、应用较广泛的一种畜禽粪便处理方法，主要有发酵法和低等动物处理法等。发酵法主要有3种，包括厌气池、曝气氧化池、堆肥。与干燥技术相比，发酵法具有节省燃料、投资成本低、发酵产物生物活性强、肥效强、便于技术推广等特点。同时，粪便在发酵过程中也可以达到除臭、灭菌的目的，但发酵所需时间一般比较长。热喷技术的原理是利用热效应或喷放机械将畜禽粪便转变为高蛋白饲料。该技术不仅能除臭，而且能彻底杀灭粪便中的病原菌和寄生虫卵等，从而达到卫生防疫标准和商品饲料制作的要求。

四、有机肥生产

与传统牛粪便处理相比，有机肥为养殖场创造优良的牧场环境，实现优质、高效、低耗生产，改善产品质量和效益。利用微生物发酵技术，将牛粪便经过多重发酵，使其完全分解，并将有害病菌彻底杀灭，使粪便成为无臭、完全腐熟的活性有机肥，从而实现牛粪便的资源化和无害化，同时解决了牦牛场的粪便对环境的污染问题。所生产的有机肥广泛用于农作物种植、城市绿化以及家庭花卉种植等。

无论采用何种处理模式，综合利用、减量化、资源化、无害化和运行成本低应是规模化牦牛场粪污处理的首要原则。

第十章
大通牦牛开发利用品牌建设

第一节　大通牦牛推广利用情况

　　截至 2020 年，青海大通种牛场大通牦牛存栏量 2.4 万余头。其中，大通牦牛公牛 0.5 万头、适繁母牛 1.2 万余头，拥有核心群 28 个、育成群 29 个和扩繁群 39 个。自 2005 年以来，每年可向省内外提供 2 000 余头大通牦牛种公牛，可生产 5 万余支优良牦牛细管冷冻精液。根据青海省"百万牦牛复壮工程"的要求，省财政厅每年下达"大通牦牛复壮"项目，由省农牧厅主管，青海省大通种牛场具体承担实施，有计划地推广大通牦牛种公牛和细管冷冻精液。在推广区各县农牧主管部门的积极配合下，选择示范村建立推广示范群和人工授精点，采用以牦牛本交为主、人工授精为辅的方式，以整村推广的途径大面积开展牦牛改良复壮工作。

　　大通牦牛具有稳定的遗传性、良好的产肉性能、优良的抗逆性和对高山高寒草场的适应能力，深受牦牛饲养地区的欢迎，对建立我国牦牛制种和供种体系，改良我国牦牛，提高牦牛生产性能及牦牛业整体效益具有重要的实用价值。大通种牛场通过建立开放的牦牛繁育体系，向全国销售种牛 3 万余头、冷冻精液 27 万剂，年改良牦牛 30 万头，覆盖率达我国牦牛产区的 75％，促进了当地畜牧业向高效集约化科学养畜方向发展。在推广过程中，积极开展技术咨询、技术培训、技术指导和科普宣传等综合配套技术服务，通过举办牦牛繁育技术、疫病防治、饲养管理、棚圈应用等讲座，培养带动了一批懂经营、会管理的牦牛养殖示范户，提高了广大牧民饲养牦牛的积极性，促进了牦牛畜群结构的调整和资源的合理有效利用，带动了青海牦牛产区畜牧业经济发展。在青海省推广的同时，青海大通种牛场还向省外其他牦牛产区提供种牛。现已辐射到新疆、西藏、内蒙古、四川、甘肃等全国各大牦牛产区，取得了巨大的社会效益和经济效益。

在开展推广工作的同时，青海大通种牛场每年都派出技术人员跟踪调查、测定大通牦牛种公牛及其后裔的生产性能。据调查，大通牦牛后裔初生重、6月龄重及 18 月龄活重分别比当地家牦牛初生重、6 月龄重及 18 月龄活重提高 10.0%、15.0%、15.0%以上，并表现出很强的高山放牧能力和显著的耐寒、耐饥饿和抗病能力，体型、头形、角形、毛色都具有大通牦牛的特征。同时，调查中牧民普遍反映，大通牦牛后裔出生后在很短时间内就能站立起来，不易生病。2 岁牦牛与同龄家牦牛相比，屠宰出肉率高，收购时很受欢迎且售价高。

第二节　大通牦牛产品开发利用现状

提高大通牦牛生产的商品率和经济效益，关键问题是从提高现有产品的产量及质量入手，进行各项产品深加工及资源的综合开发利用。大通牦牛的产品，以肉、乳、毛、皮、绒等的利用最为普遍，产区的加工产品多为初加工或未加工的原料，多自产自销，产值和商品率低。将其原料产品进行深加工、多层次利用、开发功能性和特色产品，是提高产值及效益的重要课题。

一、牦牛屠宰

牦牛屠宰包括牦牛验收、致昏、刺杀放血、剥皮与去头蹄、开膛与净膛、胴体劈半、胴体整理、皮张整理等环节。

1. 牦牛验收

供宰牦牛宰前 24h 断食，充分给水至宰前 3h。所有屠宰牦牛都必须进行宰前检疫，发现可疑情况立即送观察栏。检疫合格的牛经淋浴冲洗后进入屠宰通道。

2. 致昏

致昏的方法有刺昏法和击昏法。刺昏法是用匕首迅速、准确地刺入牦牛的枕骨与第 1 颈椎之间，破坏延脑和脊髓的联系，造成瘫痪。既可防止牦牛挣扎难以刺杀放血，又可减轻刺杀放血时牦牛的痛感。击昏法是用气锤猛击牦牛前额部，使其昏倒。打击时力量应适当，以不打破头骨，仅使牦牛失去知觉为度。此时，虽然牦牛知觉中枢麻痹，而中枢依然完整，所以肌肉仍能收缩，放血时促使血液从体内流出。

3. 刺杀放血

在致昏后应立即刺杀放血。牦牛放血有水平放血和倒挂垂直放血 2 种。从卫生角度看，后者比前者效果好，也利于随后加工，可减轻劳动强度。放血方法有切颈法和切断颈部血管法 2 种。采用切颈法给牦牛放血，从卫生角度看是不合理的，因为在切断颈动脉、颈静脉的同时，也切断了气管、食道和部分肌肉，胃内食物常经食道流出，污染切口，甚至被吸入肺内。切断颈部血管法，即切断颈动脉和颈静脉是目前广泛采用的比较理想的一种放血方法，既能保证放血良好，操作起来又简便、安全。应在距离牦牛胸骨 16～20cm 的颈中线处下刀，刀尖斜向上方（悬挂状态）刺入 30～35cm，随即抽刀向外侧偏转，切断血管。沥血时间不得少于 8min。

4. 剥皮与去头蹄

屠宰牦牛时一般要进行剥皮。刺杀放血后应尽快剥皮，以免尸体冷后不易剥下。牦牛的剥皮方法分手工剥皮和机械剥皮 2 种。剥皮过程中，分别将蹄、头卸下。

一般的小型肉联厂或小规模的屠宰场均采用手工剥皮。牦牛手工剥皮是先剥四肢皮、头皮和腹皮，最后剥背皮。剥前后肢时，先在蹄壳上端内侧横切，再从肘部和膝部中间竖切，用刀将皮挑至脚趾处并在腕关节和跗关节处割去前后脚。然后将两前肢和两后肢的皮切开剥离。剥腹部皮时，从腹部中白线将皮切开，再将左右两侧腹部皮剥离。剥头皮时，用刀先将唇皮剥开，再挑至胸口处，逐步剥离眼角、耳根，将头皮剥成平面后，在寰枕关节处将头卸下，背皮时，先将尾根皮剥开，割去尾根，然后从肛门至腰椎方向将皮剥离。如果是卧式剥皮，先剥一侧，然后翻转再剥另一侧。如为半吊式剥皮，先仰卧剥四肢、腹皮，再剥后背部皮，然后吊起剥前背皮。

机械剥皮是先用手工剥头皮，并卸下头。剥四肢皮并割去蹄，再剥腹皮。然后将剥离的前肢固定在铁柱上，后肢吊在悬空轨道上，再将颈、前肢已剥离皮的游离端连在滑车的排钩上，开动滑车将未剥离的背部皮扯掉。遇到难剥的部分，应小心剥离，不可猛扯硬拉。在整个操作过程中，防止污物、毛皮、脏手沾污胴体。机械剥皮可以减少污染和损伤皮张，提高工作效率，减轻劳动强度，有条件的企业应尽量采用。

5. 开膛与净膛

在剥皮后应立即开膛取出内脏，最迟不超过 30min；否则，对脏器和肌肉均有不良影响。稍具规模的肉联厂或牛羊屠宰场，应尽量采用机械倒挂式开膛，这样既能减轻劳动强度，又能减少胴体被胃肠内容物污染的机会。将屠体吊挂起来，用吊钩挂在早已固定好的横杆上，剖腹（开膛）摘取内脏。具体方法是用刀割开颈部肌肉分离气管和食管，并将食管打结，以防在剖腹时胃内容物流出。然后用砍刀从胸骨处经腹中线至胸部切开胴体。左手伸进骨盆腔拉动直肠，右手用刀沿肛门一圈环切，并将直肠端打结后顺势取下膀胱。然后取出靠近胸腔的脾。找到食管后将胃肠全部取出。再用刀由下而上砍开胸骨，取出心脏、肝、肺和气管。开膛时应小心沿腹部正中线剖开腹腔，切勿划破胃肠、膀胱和胆囊，若万一被胃肠内容物、尿液和胆汁所污染，应立即将胴体冲洗干净。

6. 胴体劈半

一般先把胴体劈半，即沿脊柱将胴体劈成两半。劈半以劈开脊椎管暴露出脊髓为宜，避免左右弯曲或劈断、劈碎脊椎，以防藏纳污垢和降低商品价值。牦牛胴体劈半后，还须沿最后肋骨前缘，将半胴体分割为前后 2 部分，即四分体，然后再根据需要，进行分割肉的加工。

7. 胴体整理

切除头、蹄取出内脏的全胴体，应保留带骨的尾、胸腺、横膈肌、肾和肾周围的脂肪（板油）及骨盆中的脂肪。然后对胴体进行检查，修刮残毛、血污、瘀斑及伤痕等，确证胴体整洁卫生，符合商品要求。

8. 皮张整理

牦牛生皮是重要的副产品，经揉制加工后，可以制成各种日用品和工业品。为了给制革工业提供优质的制革原料，除在牦牛生前注意饲养管理保护皮肤不受损伤外，对刚刚刮去血污及皮肌、脂肪后的皮张，应及时送往皮张加工车间（厂）进行进一步加工，不得堆放或日晒，以免变质或老化。如果初步加工不适当，往往会降低利用价值，甚至变成废品，剥下的生皮要先抽出尾巴。

二、牦牛肉产品加工工艺

1. 鲜牦牛肉

将屠宰后的胴体切割成块，置于锅内加水清煮，煮沸后维持片刻，即可食用。食用时用刀具，一片片削下来，可略蘸食盐用奶茶辅食。水煮后的牦牛肉，盛于盘内，称为"手抓牦牛肉"。

2. 冷鲜牦牛肉

将选择好的牛肉用薄膜包起来，冷却至3℃进行成熟，在此过程中，牛肉会发生一系列生物化学变化，如牛肉本身存在的组织蛋白酶缓慢地分解肌纤维间或肌肉本身的结缔组织，一方面生成与肉香味有关的游离氨基酸；另一方面使肉体嫩化，这将使得产品复水后具有更好的品质和风味。

3. 风干牦牛肉

风干牦牛肉是充分利用青藏高原地区冬季低温低气压的特殊自然气候条件将牦牛肉切条、风干后形成的一种生食传统肉制品，由于其整个干燥过程是在低温低压环境下进行的，可避免加工过程中常见的物料中热敏性成分被破坏和易氧化成分被氧化的现象。这种特殊的加工条件极大限度地保留了牦牛肉的风味和营养成分，是青藏高原地区牧民主要的传统肉制消费品之一。产品呈黄褐色或红褐色，肌纤维纹理较清晰，具有牦牛肉特有的风味，然而加工季节的不同即风干条件不同导致其口感和质地略有差异，通常温度越低质地和口感越酥松，易手撕成条状。

4. 酱牦牛肉

选用经兽医卫生检验合格的新鲜健康无疾病、来自非疫区的肥度适中的新鲜牦牛肉或冷冻牦牛肉，清除腺体、污物后洗净，用清水浸泡排出血污，然后切成0.75～1kg的肉块，厚度不超过40cm。切好的肉块，放在清水中冲洗一次，按肉质老嫩分别存放。将一定量的水和黄酱拌和均匀，把酱渣捞出，煮沸1h，撇去浮在汤面上的酱沫，盛入容器内备用。先在锅底和四周垫上骨头，使肉块不紧贴锅壁，按肉质老嫩将肉块码在锅内，老的肉块码在底部，嫩的放在上面，前腿、腔子肉放在中间。每100kg牛肉，香辛料用量为桂皮250g、丁香250g、砂仁250g、大茴香500g。在锅内放好肉后，倒入调好的酱汤，煮沸后按照比例加入各种配料，用压锅板压好，添上清水，用旺火煮制4h左右。煮制1h后，撇去汤面浮沫，再每隔1h翻锅1次。根据酱汤情况，适当加入老汤，使每块肉都能浸在肉汤中。再用微火煨煮4h，使香味慢慢渗入肉中。煨煮时，每隔1h翻锅1次，使肉块熟烂一致。出锅时为保持肉块完整，要用特制的铁拍子，把肉一块一块地从锅中托出，并随手用锅内原汤冲洗，除去肉块上沾染的料渣，码在消过毒的屉盘上。将煮好的肉静置冷却，然后真空包装，即为成品，可于冷藏条件下保存。

5. 牦牛肉干

取肉部位以前后腿（牛展）、针扒、烩扒、尾龙扒、林元肉为佳。自然解冻（温度≤15℃，相对湿度≥70%）后，除去牛肉上附着的脂肪、板筋、肌腱、淋巴结、血污等杂碎，顺着肌纤维纹路将原料肉切成重量为 0.5kg 的肉块，用冷水浸泡 1h 左右，将肉投入蒸汽夹层锅内预煮，生肉与水的重量比为1∶1.5，加水量以淹没肉块为度，肉与冷水同时加入，然后再升温。牦牛肉膻味较大，初煮时需加入 0.5% 食盐、1% 生姜和 1% 葱（以原料肉重计）。待水沸腾时，捞净锅内的浮沫，然后加入生姜、葱及香料包，预煮时间为 1h 左右，煮至肉块表面硬结、切开内部无血水时为止。至此肉块预煮工序完成，肉块起锅，煮后将肉块捞出冷却，使肉块变硬，以便切坯。肉完全成熟阶段可通过复煮完成。将复煮肉用提升机提升到连续式干燥箱入口处，通过干燥箱的定量装置均匀输入干燥箱内，箱内风速（0.5～1.0m/s）采用两段中间排气式，即混合式气流排气时，由于刚进干燥箱的复煮肉含汁较多而易筛，因而用两节相互独立控制的连续干燥箱配合作用；这样在第 1 节干燥完后可以让肉条或肉片翻到第 2 节上，利于干燥。整个过程用时 70～80min，平均温度 67℃，当肉干含水量为 20% 以下时，即可出烤箱。干燥出来的肉干再均匀通过一紫外线冷杀菌通道，并伴有机械鼓风冷却，以达到杀菌与冷却的效果，然后用复合膜包装。牦牛产区生产的牛肉干一般有五香牛肉干、麻辣牛肉干、咖喱牛肉干3 种。

6. 酱牦牛杂碎

选新鲜及符合卫生要求的牦牛内脏、头、蹄（包括蹄筋）作为原料，分别清洗、整理，在清水中浸泡 1～2h，捞出沥干，再配料、蒸煮，出锅后分别放置并沥干即为成品。

三、牦牛乳产品

1. 牦牛酸奶制品

牦牛乳因含脂率太高，可先脱去大量脂肪，将含脂率调整到 3%～3.2%。并将分离出的稀奶油另外加工为无水奶油制品。牦牛酸奶因含固形物（无脂干物质）高，食用时很浓稠，味道鲜美，硬度较大。用牦牛乳制作酸奶可分为凝固型、搅拌型两大类。品质好的酸奶应具有乳脂香味，凝固如豆腐状、表面不出现黄水（乳清）、微酸或酸度为 0.7～0.9（乳酸度）。品质不好的酸奶，则乳脂味淡、凝固硬度差、出现黄水和酸度高。

凝固型牦牛酸奶的制作工艺：最古老的酸奶制作方法十分简单，先将乳加热约 85℃，30min 后，加入菌母液，在火炉边保温 4～8h 即凝固为牦牛酸奶。目前，除这种纯天然的酸奶制作外，经过人们不断改进后，在乳中加入香精、果酱、水果、香草、色素、蔗糖、稳定剂等物质，大大提高了原天然型酸奶风味。目前，普遍将牦牛酸奶制作为风味酸凝乳，其风味和质量都得到更大改进。

2. 牦牛奶油的加工工艺

牦牛乳中含脂率高，是生产奶油最好的原料，各生产厂家都十分重视这一产品的加工。将奶油进行发酵，脱水后，就成为当地藏牧民不可缺少的酥油食品。酥油是产区藏族传统称谓，即国内外通称的奶油或黄油。酥油可制作酥油茶、酥油糌粑等，是牧民每天食用的主要油脂来源。目前，在牧区主要生产奶油和酥油两大类制品，市场供不应求，其奶油的生产量逐年上升。

3. 牦牛干酪

牦牛乳属于高脂肪高蛋白的牛乳。其制作时，可以先脱去 50％的乳脂，也可以不脱脂，其所制作的干酪硬度比普通牛乳干酪稍大，其原因可能是因牦牛乳中含酪蛋白的总量比其他牛乳要多，并以此增加了硬度，但还有其他一些原因，正在探索之中。干酪富含蛋白质、脂肪、矿物质、维生素等物质，营养价值极高。

干酪的种类繁多，按其蛋白质、脂肪、水分和盐类的含量、凝固蛋白质方法的不同，可以生产出风味各异、干物质含量和保存期等各具特点的干酪。牦牛产区常食用的有硬干酪、半硬干酪、鲜干酪 3 种。硬干酪含乳清较少，质地坚硬，颗粒小；半硬干酪含水量（乳清）为 20％～30％，也有含 40％左右的，质地偏软，颗粒较大的如大拇指大小；鲜干酪为排出乳清后的凝乳块，尚含有一定数量的乳清，类似大豆制品豆腐干。不同种类的干酪食用方法也不一样。硬干酪多与青稞炒面、酥油混食，即藏语中称为"糌粑"。半硬干酪除饮用奶茶时食用外，多于外出，如放牧牲畜应急食用。鲜干酪多切成方形小薄片状盛于盘内，在饮用奶茶时食用，也有放糖食用或用油炒加盐食用的。

4. 曲拉

曲拉是青藏高原地区的牧民将牦牛乳脱脂分离、煮开、接种乳酸菌发酵使乳蛋白凝固，经脱水干燥所得的奶干渣。在中国乃至世界上只有甘、青、川三省交界的青藏高原牧民有将牦牛乳制成曲拉的生活习惯，是中国的独有资源。中国以曲拉为原料生产干酪素时存在的主要问题是色泽黄暗、酸度较低、黏度低、气味不佳、质量不能达标、不能满足市场对高质量盐酸干酪素的需求。此外，用"曲拉"生产的干酪素品种单一、缺少深加工产品、加工技术落后、产品质量不稳定、生产规模小、管理水平低、经济效益不高。

四、牦牛毛绒产品

牦牛的长毛和尾毛可加工成地毯、牛尾工艺品（制作假发、胡须、拂尘、缨穗）等；牛绒经加工可生产精梳牛绒，牦牛绒精纺面料、粗纺面料、牛绒衫等产品。

五、牦牛皮及皮制品

进行牦牛皮的揉制和熟制，进行皮鞋、皮夹克、皮包等皮质品的加工。

六、牦牛药用产品

牛的药用价值很高，牦牛也不例外，如脂、骨、胸腺、心脏、大脑、垂体、肺、肝、肾、胆、脾、血、牛鞭等器官组织，应用现代生化技术和生物工程技术手段提取、分离、纯化得到的牦牛血 SOD、胸腺肽、胰肽酶、氨基酸等生化制品，是制药、食品、化妆品等的原料。随着生化技术和生物工程技术的发展，牦牛的资源优势、生理优势、遗传优势、生态优势等都潜藏着重要的研究价值、开发价值和诱人前景。

第三节　大通牦牛现有品种标准情况

大通牦牛的培育成功，填补了世界上牦牛没有人工培育品种的空白，更为重要的是以我国独特遗传资源为基础、依靠独创的技术培育而成的具有完全自主知识产权的牦牛新品种，在学术上和生产实践中都具有重要意义。2006 年，中国农业科学院兰州畜牧与兽药研究所制定了农业行业标准《大通牦牛》，对我国利用自有遗传资源培育的牦牛新品种的扩繁、数量和质量的提高、进行标准化选育和管理发挥了重要作用。但是，该标准制定于 2006 年，颁布实施于

2008 年 8 月，大通牦牛经过近 10 年的选育、饲养环境条件的变化和饲养模式的改变，已有标准部分指标已不符合大通牦牛的生产实际，急需进行修订，制定出符合大通牦牛目前生产实际的行业标准。

2016 年 4 月，中国农业科学院兰州畜牧与兽药研究所上报《大通牦牛》行业标准修订建议书。2017 年 8 月，全国畜牧业标准化技术委员会发布 2018 年农业行业标准制修订指南，将《大通牦牛》行业标准修订列入指南。2017 年 10 月，中国农业科学院兰州畜牧与兽药研究所向农业部畜牧业司上报行业标准《大通牦牛》申报书。2018 年 1 月，农业部下达《大通牦牛》行业标准修订项目，项目牵头单位为中国农业科学院兰州畜牧与兽药研究所。标准主要起草单位为中国农业科学院兰州畜牧与兽药研究所、青海省大通种牛场。

行业标准修订任务下达后，中国农业科学院兰州畜牧与兽药研究所立即牵头，会同项目协作单位成立由中国农业科学院兰州畜牧与兽药研究所、青海省大通种牛场组成的标准修订协调小组和专家小组。标准修订协调小组主要负责确定品种标准编制提纲、制订工作计划、组织签订技术服务合同、加强项目组织管理、监督项目执行进度、协调解决项目执行过程中出现的问题、组织召开审定会等。标准修订专家组主要负责开展调查研究，收集整理相关数据，起草《大通牦牛》品种标准修订稿，广泛开展意见征求，组织召开标准初审会，按要求提交《大通牦牛》品种标准报批稿、编制说明、品种照片等。

初稿完成后，标准修订牵头单位向相关主管部门、质检部门、科研、教学、生产单位的专家和技术人员广泛征求意见，对征求到的意见进行逐条处理，经过讨论、修改形成《大通牦牛》标准预审稿。

2019 年 10 月 11 日，专家组对农业行业标准《大通牦牛》修订征求意见稿进行了预审，对标准修订提出了具体的意见，对一些具体性状测定技术与方法做了进一步修改，使标准更科学、客观、简洁明了。2019 年 12 月 19—20 日，受农业农村部畜牧兽医局委托，全国畜牧业标准化技术委员会组织有关专家对农业行业标准《大通牦牛》送审稿进行了审定。专家组认为该标准达到国内先进水平，专家组成员一致同意通过审定，并建议标准起草小组根据专家审定意见进一步修改后形成报批稿，作为推荐性农业行业标准报请农业农村部，尽快颁布实施。2020 年 5 月，农业农村部第 425 号公告批准发布农业行业标准《大通牦牛》（NY/T 1658—2021），自 2021 年 11 月 1 日起实施。标准见附录一。

第四节　大通牦牛品牌建设

　　近年来，青海省提出了打造"世界牦牛之都"的品牌构想，并为此不断努力。来自青海省农业农村厅的数据显示，青海省现牦牛存栏量 500 万头，约占世界牦牛存栏量的 34%。大通牦牛是世界上第 1 个培育牦牛新品种，已经成为我国各牦牛产区提高当地牦牛生产性能的首选牛种。大通牦牛新品种培育成功后，也得到了社会和市场的认可。2005 年，"大通牦牛培育技术"荣获甘肃省科技进步奖一等奖；2006 年，"青海省牦牛改良技术推广"荣获农业部全国农牧渔业丰收奖一等奖；2007 年，"大通牦牛新品种及培育技术"荣获国家科技进步奖二等奖；2010 年，"青藏高原牦牛良种繁育及改良技术"荣获农业部全国农牧渔业丰收奖二等奖；2012 年，"大通牦牛新品种推广"荣获青海省科技进步奖三等奖；2012 年，在深圳举办的中国国际高新技术成果交易会获得优质产品奖。2013 年，大通牦牛被农业部列为农业主导品种。

　　大通牦牛放养在青藏高原海拔 2 800m 以上的天然牧场，造就了大通牦牛肉的绿色品质。2002 年 9 月，"大通牦牛肉"取得无公害农产品证书；2005 年 12 月，取得中国绿色食品发展中心"AA"级绿色食品认证和中绿华夏有机产品认证；2013 年 12 月，被国家质量监督检验检疫总局批准为"中华人民共和国地理标志保护产品"，成为青海省第 7 个获此殊荣的地方特色产品。随着大众对绿色食品需求的不断增长和市场认可度的提高，2017 年成功跻身中国百强农产品区域公用品牌榜，并在 2018 年荣登中国区域农业品牌影响力十强榜。2020 年 5 月举办的第十四届中国国际有机食品博览会上，产自大通种牛场的"大通牦牛肉"荣获"中国国际有机食品博览会金奖"。此次获得金奖，对促进"大通牦牛肉"系列特色肉产品产业化、规模化发展，繁荣民族地区经济及创建地方品牌具有十分重要的意义。

　　目前，大通牦牛每年仅能提供种公牛 2 000 余头，全省牦牛能繁母牛存栏量 239.97 万头，经测算每年需要更新的种牛数量约为 1.77 万头。全省 16 个牦牛种牛场年可供种约 1 万头（其中大通牦牛 2 000 头），年种牛缺口很大。就大通牦牛而言，现有的供种能力仅占省内需求的 10% 左右，远远不能满足本省种公牛的市场需求，更无法满足省外市场需求。随着牦牛产业不断发展，牦牛改良复壮步伐进一步加快，省内外牦牛产区对大通牦牛种公牛及其冷冻精液的需求量将会越来越大。因此，今后必须加强核心育种群管理，确保种牛质量，加快品种繁育，提高大通牦牛整体水平，加强种公牛的动态溯源管理，确保大通牦牛品牌经久不衰，为我国牦牛品种改良、产业振兴做出更大贡献。

主 要 参 考 文 献

安生杰，2020. 牛结核病的防治 [J]. 养殖与饲料，19（10）：72-73.

安添午，杨平贵，吴伟生，等，2015. 提高母牦牛繁殖力的综合措施 [J]. 特种经济动植物，18（12）：7-8.

巴桑吉，2018. 牦牛口蹄疫的防控措施 [J]. 中国畜牧兽医文摘，34（6）：202.

白崇湘，2020. 牦牛棘球蚴病感染情况调查与分析 [J]. 畜牧兽医科学（电子版）（24）：11-12.

柏家林，陆仲璘，王敏强，等，2005. 大通牦牛的培育 [J]. 中国草食动物科学（S2）：40-42.

包永清，2008. 青海大通牦牛与甘南牦牛杂交效果初报 [J]. 畜牧兽医杂志（1）：73-74.

保广才，2020. 关于对青海省大通种牛场牦牛良种繁育推广工作的调查与思考 [J]. 青海农牧业，141（1）：25-27.

才山，2019. 牛棘球蚴病诊断与防治 [J]. 畜牧兽医科学（电子版）（13）：95-96.

柴顺仓，康延珍，王雪祯，等，2020. 大通牦牛改良青海环湖型牦牛效果分析 [J]. 畜牧兽医科学（电子版）（4）：9-10.

陈晓德，李鸿康，汪晓春，等，2005. 青海省大通种牛场牦牛产业化现状及发展建议 [J]. 青海畜牧兽医杂志（1）：25-26.

陈世堂，宋永鸿，2006. 中西结合防治大通牦牛子宫内膜炎的探讨 [J]. 中兽医学杂志，6：39-40.

成来达杰，2017. 犊牦牛肺炎的综合防控措施 [J]. 中国畜牧兽医文摘，33（9）：116.

措毛吉，周太，2013. 大通牦牛与当地牦牛杂交一代生长发育情况 [J]. 当代畜牧（15）：42.

代吉卓玛，2020. 牦牛传染性腐蹄病防治 [J]. 畜牧兽医科学（电子版），14：116-117.

戴源森，张文，2016. 青海省部分地区牦牛病毒性腹泻的流行病学调查 [J]. 黑龙江畜牧兽医（24）：140-142.

尕松代吉，2014. 牦牛病毒性腹泻的诊断与综合防治措施 [J]. 中国动物保健，16（7）：65.

格松，2016. 牦牛布病防治的建议 [J]．中国畜牧兽医文摘，32（6）：116.

郭宪，阎萍，曾玉峰，2007. 提高牦牛繁殖率的技术措施 [J]．中国牛业科学（4）：64-67.

贺洪明，马进寿，2019. "大通牦牛" 犊牛饲养管理技术 [J]．畜牧兽医科学（电子版）（6）：96-97.

红沙，2015. 犊牦牛大肠杆菌病的诊断与防治 [J]．中国畜牧兽医文摘，31（3）：136.

李春生，2016. 青海牦牛 A 型多杀性巴氏杆菌的分离鉴定及药敏试验 [J]．黑龙江畜牧兽医，19：185-188.

李福寿，仁青加，颜庭胜，等，2014. 青海省天峻县牦牛的同期发情及早期妊娠诊断 [J]．安徽农业科学，42（22）：7437-7438.

李生福，马进寿，保广才，等，2019. 青海省大通种牛场牦牛结核病检测分析 [J]．湖北畜牧兽医，40（2）：27-28.

李生辉，2020. 大通牦牛杂交 1 代和当地杂种牦牛外形体尺性状比较研究 [J]．畜牧兽医科学（17）：30-31.

梁春年，王宏博，吴晓云，等，2018. 牦牛 IGF-IR 基因克隆及其序列分析 [J]．华北农学报，33（4）：39-45.

林元，2019. 牦牛病毒性腹泻流行特点与防治 [J]．畜牧兽医科技信息（7）：61.

刘丽娟，罗玉柱，胡江，2006. 牦牛同期发情技术研究进展 [J]．中国畜牧杂志（11）：45-47.

陆仲璘，王敏强，李孔亮，等，2005. 低代牛横交理论在牦牛育种中的应用 [J]．中国草食动物科学（s2）：91-93.

陆仲璘，何晓林，阎萍，2005. 世界上第一个牦牛培育新品种——"大通牦牛" 简介 [J]．中国草食动物（5）：59-61.

陆仲璘，阎萍，何晓林，2006. 世界上首个牦牛培育新品种——大通牦牛 [J]．农村百事通（1）：47-48，80.

罗让甲初，陈明胜，杨平贵，2009. 新生犊牦牛的护理及几种常见病的治疗 [J]．草业与畜牧（9）：55-58.

罗泽，2021. 高原牦牛包虫病的防治 [J]．兽医导刊（9）：38-39.

罗毅皓，刘书杰，吴克选，2010. 大通犊牦牛肉食用品质研究 [J]．食品研究与开发，31（1）：20-23.

马婧莉，2021. 牦牛焦虫病的综合防治技术 [J]．兽医导刊（1）：35.

马文瑞，赵庆奎，李丰清，等，2018. 牦牛感染牛病毒性腹泻病毒的诊断与病毒分离鉴定 [J]．畜牧与兽医，50（6）：85-89.

牦牛选育和利用课题组，2005. 野牦牛颗粒冷冻精液人工授精技术操作规程草案 [J]．中

国草食动物科学（z2）：242-243.

蒙学莲，崔燕，余四九，等，2006. 牦牛发情周期中卵巢卵泡发育状况的组织学观察 ［J］. 中国兽医科学（1）：57-61.

南太，2019. 高寒牧区牦牛和藏羊腐蹄病的防治 ［J］. 中国畜禽种业，15（7）：140-141.

年成，2017. 高寒牦牛焦虫病的诊断与防治 ［J］. 中兽医学杂志（4）：22.

樊凤霞，2011. 大通牦牛采精公牛驯养管理技术措施 ［J］. 黑龙江动物繁殖，19（6）：19-20.

彭生，2019. 牦牛巴氏杆菌病的诊断与防治措施 ［J］. 当代畜牧，2：40-41.

普拉，2018. 牦牛子宫内膜炎调研诊治 ［J］. 中国畜牧兽医文摘，34（6）：314.

求措，2017. 牦牛感冒的诊断与治疗 ［J］. 中国畜牧兽医文摘，33（4）：171.

权凯，2004. 牦牛超数排卵技术研究 ［D］. 兰州：甘肃农业大学.

桑巴，2016. 牦牛口蹄疫的病因及防治 ［J］. 中国畜牧兽医文摘，32（4）：214.

尚佑军，刘湘涛，2009. 口蹄疫的征候学及流行病学 ［J］. 兽医导刊（6）：24-28.

孙云龙，2018. 中西医结合治疗大通牦牛流行性感冒 ［J］. 中国畜牧兽医文摘，34（6）：327.

孙云龙，马进寿，2019. 牦牛前胃迟缓诊断与治疗 ［J］. 畜牧兽医科学（电子版）（6）：123-124.

沈德良，2020. 牦牛巴氏杆菌病诊治 ［J］. 畜牧兽医科学（电子版）（8）：154-155.

田永强，张容昶，王敏强，等，2005. 大通牦牛血液生化指标和激素于体重相关性研究 ［J］. 中国草食动物科学（s2）：71-75.

王宏博，郎侠，梁春年，等，2012. 大通牦牛提纯复壮当地牦牛效果的研究 ［J］. 中国畜牧杂志，48（21）：14-16.

王雪祯，2020. 牦牛大肠杆菌病流行病学及诊治 ［J］. 畜牧兽医科学（电子版），23：98-99.

王伟，2019. 大通牦牛推广应用效果分析与建议 ［J］. 兽医导刊（23）：57.

王振玲，倪家敏，孙欣，等，2018. 牛分枝杆菌感染引起牛肺脏脾脏和淋巴结的病理学变化 ［J］. 中国兽医杂志，54（5）：36-38，133-134.

王敏强，李萍莉，渊锡藩，等，2020. 青海大通牦牛 4 种血清激素浓度变化规律研究 ［J］. 河北农业大学学报（1）：61-65.

王敏强，陆仲鳞，杨尕旦，等，2005. 大通牦牛的培育——幼龄生长牦牛冷季失重规律与补饲效果分析 ［J］. 中国草市动物学（s2）：76-77.

文勇立，赵佳琦，2019. 牦牛的泌乳量测定及其乳特性 ［J］. 中国乳业（11）：12-18.

席斌，王莉蓉，郭天芬，等，2018. 大通牦牛肉与高原牦牛肉营养品质比较分析 ［J］. 黑龙江畜牧兽医（23）：198-201.

薛长安，2012. 浅谈青海大通牦牛新品种推广应用情况 [J]. 青海畜牧兽医杂志，42
　（4）：56.

阎萍，陆仲璘，王敏强，等，2005. 野牦牛种用价值的研究和利用 [J]. 中国草食动物
　（z2）：247-248.

阎萍，伊世东，2005. 牦牛遗传资源保护及综合开发利用 [J]. 畜牧与兽医（4）：21-22.

阎萍，梁春年，姚军，等，2003. 高寒放牧条件下牦牛超排试验 [J]. 中国草食动物（3）：
　9-10.

阎萍，梁春年，2019. 中国牦牛 [M]. 北京：中国农业科学技术出版社.

杨博辉，姚军，郎侠，等，2005. 中国野牦牛种质资源库体系的建立及利用 [J]. 中国草
　食动物（6）：34-36.

杨海金，2020. 牦牛皮蝇蛆低残留防治技术 [J]. 农家参谋（14）：157.

殷满财，马进寿，保广才，等，2019. 大通牦牛青年母牦牛体重与体尺相关性分析 [J].
　中国畜禽种业，15（12）：59-60.

袁凯鑫，王昕，2019. 青海高原大通牦牛的育种进展 [J]. 中国牛业科学，45（1）：
　28-32.

张国模，石生光，2016. 大通牦牛种质特性及资源利用情况 [J]. 中国牛业科学，42（2）：
　56-57，60.

张勤文，俞红贤，李莉，等，2016. 成年大通牦牛肺血管低氧适应的组织学特点 [J]. 中
　国兽医杂志，52（9）：28-31.

赵寿保，2013. 大通牦牛生长发育规律的研究 [J]. 黑龙江动物繁殖，21（5）：45-46.

赵寿保，马进寿，李青云，等，2019. 大通牦牛犊牛早期培育效果观察 [J]. 今日畜牧兽
　医，35（10）：15-16.

周爱民，王威，王之盛，等，2015. 不同蛋白质水平补饲料对早期断奶犊牦牛生产性能和
　胃肠道发育的影响 [J]. 动物营养学报，27（3）：918-925.

周凡莉，刘晓霞，何小强，等，2021. 牦牛同期发情技术研究 [J]. 农业与技术，41
　（13）：144-147.

周忠孝，王瑞武，1984. 优良家畜品种的保种对象与保种方法 [J]. 山西农业科学（10）：
　18-20.

附 录

ICS 65.020.30
B 43

中华人民共和国农业行业标准

NY/T 1658—2021
代替 NY 1658—2008

大 通 牦 牛

Datong yak

2021-05-07 发布

2021-11-01 实施

中华人民共和国农业农村部 发布

前　言

本标准按照 GB/T 1.1—2009 给出的规则起草。

本标准代替 NY 1658—2008《大通牦牛》，与 NY 1658—2008 相比，主要技术变化如下：

——修改了范围的内容规定（见第 1 章，2008 年版的第 1 章）；

——增加了规范性引用文件（见第 2 章）；

——删除了术语和定义（见 2008 年版的第 2 章）；

——增加了品种来源（见第 2 章）；

——修改了体型外貌（见第 4 章，2008 年版的 3.1）；

——修改了体尺体重的内容（见 5.1，2008 年版的 3.2）；

——修改了产肉性能的内容（见 5.2，2008 年版的 3.3.1）；

——增加了产奶性能的内容（见 5.3）；

——增加了繁殖性能的内容（见 5.4）；

——修改了产毛性能的内容（见 5.5，2008 年版的 3.3.2）；

——增加了性能测定内容（见第 6 章）；

——增加了等级评定的基本条件（见 7.1）；

——增加了评定时间（见 7.2）；

——修改了体重评定的内容（见 7.4，2008 年版的 4.1.2）；

——修改了体高评定的内容（见 7.5，2008 年版的 4.1.3）；

——删除了毛绒产量的评定内容（见 2008 年版的 4.1.4）；

——修改了综合评定的内容（见 7.6，2008 年版的 4.2）；

——删除了评定规则的内容（见 2008 年版的第 5 章）；

——修改了附录 A（见附录 A，2008 年版的附录 A）；

——删除了附录 B（见 2008 年版的附录 B）；

——修改了附录 B（见附录 B，2008 年版的附录 C）；

本标准由中华人民共和国农业农村部畜牧兽医局提出。

本标准由全国畜牧业标准化技术委员会（SAC/TC 274）归口。

本标准起草单位：中国农业科学院兰州畜牧与兽药研究所、青海省大通种牛场。

　　本标准主要起草人：阎萍、梁春年、吴晓云、包鹏甲、马进寿、褚敏、郭宪、刘更寿、裴杰、保广才、丁学智、王宏博、殷满财、张国模、姚喜喜、熊琳。

大　通　牦　牛

1　范围

本标准规定了大通牦牛的品种来源、体型外貌、生产性能、性能测定及等级评定。

本标准适用于大通牦牛的品种鉴定、选育和等级评定。

2　规范性引用文件

下列文件对于本文件的应用是必不可少的。凡是注日期的引用文件，仅所注日期的版本适用于本文件。凡是不注日期的引用文件，其最新版本（包括所有的修改单）适用于本文件。

NY/T 2766　牦牛生产性能测定技术规范

NY/T 3444　牦牛冷冻精液生产技术规程

3　品种来源

大通牦牛是在青藏高原自然生态条件下，以野牦牛为父本，当地家牦牛为母本，应用杂交一代横交固定选育而成的肉用型培育品种。

4　体型外貌

被毛黑褐色，背线、嘴唇、眼睑为灰白色或乳白色。均有角、向前展开呈对称弧形，体格高大，体质结实，结构紧凑，呈肉用体型。前胸开阔，四肢结实。裙毛密长，尾毛长而蓬松。公牦牛头粗重，颈短厚深，颈峰隆起，髻甲高，背腰平直，睾丸对称、不下垂；母牦牛头长、面部清秀，颈长而薄，乳房呈碗状，乳头均匀。大通牦牛体型外貌参见附录 A。

5　生产性能

5.1　体尺体重

大通牦牛体尺体重见表1。

表 1 体尺体重

年龄	性别	体高, cm	体斜长, cm	胸围, cm	管围, cm	体重, kg
初生	公	57.9±2.4	46.6±2.2	56.6±3.6	9.1±1.1	14.4±1.5
	母	56.3±3.5	44.9±2.6	55.4±3.5	8.6±1.1	14.1±2.3
0.5岁	公	95.8±4.2	90.3±5.6	113.2±5.6	13.3±1.4	90.2±4.6
	母	89.9±4.4	87.4±5.2	110.1±5.1	12.9±0.9	75.3±5.5
1.5岁	公	102.9±4.6	93.4±4.1	127.7±6.3	14.8±2.1	141.3±12.8
	母	99.8±5.2	94.9±3.6	122.5±6.0	13.3±1.6	122.2±14.4
2.5岁	公	105.3±4.6	126.4±7.6	165.7±7.7	17.9±1.1	178.4±15.3
	母	102.4±4.9	110.3±3.8	135.6±5.8	13.9±1.5	158.3±15.1
3.5岁	公	110.5±5.4	131.1±6.5	168.5±6.4	18.3±1.9	242.1±16.3
	母	103.1±5.3	121.5±4.1	147.6±6.5	14.6±1.6	180.4±15.2
成年	公	115.7±6.4	136.7±7.6	180.0±7.9	18.8±1.8	305.7±18.4
	母	106.1±5.6	123.9±4.2	155.5±6.4	15.2±1.9	222.0±16.8

5.2 产肉性能

在天然草场放牧条件下，成年公牦牛屠宰率为 46%～52%，净肉率为 34%～42%，成年母牦牛屠宰率为 47%～51%，净肉率为 35%～41%。

5.3 产奶性能

在天然放牧条件下，150d 泌乳期挤奶量为 350kg～450kg。

5.4 繁殖性能

公牦牛性成熟期在 18 月龄，初配年龄为 36 月龄。母牦牛初情期在 24 月龄，发情集中在 7 月—9 月，繁殖成活率 60%～75%，2 年连产率 50%～60%。种公牛精液质量符合 NY/T 3444 要求。

5.5 产毛性能

年抓绒剪毛一次，毛绒产量成年公牦牛平均为 2.0kg，成年母牦牛平均为 1.5kg。

6 性能测定

按照 NY/T 2766 的规定执行。

7　等级评定

7.1　基本条件

体型外貌符合本品种特征；生殖器官发育正常；健康状况良好。

7.2　评定时间

每年 9 月—11 月进行评定。

7.3　体型外貌

按附录 B 进行体型外貌评分，根据评分结果按照表 2 评定等级。

表 2　大通牦牛体型外貌等级评定表

单位为分

等级	公牦牛	母牦牛
特级	85 以上	80 以上
一级	80～84	75～79
二级	75～79	70～74
三级	/	65～69

7.4　体重

按表 3 评定体重等级。

表 3　体重等级评定

单位为千克

性别	年龄	特级	一级	二级	三级
公牛	0.5 岁	/	90～100	80～90	/
	1.5 岁	≥180	160～180	135～160	/
	2.5 岁	≥240	220～240	180～220	/
	3.5 岁	≥340	260～340	220～260	/
母牛	0.5 岁	/	80～90	70～80	65～70
	1.5 岁	≥160	140～160	110～140	100～110
	2.5 岁	≥180	170～180	150～160	130～150
	3.5 岁	≥210	190～210	170～190	160～170

7.5　体高

按表 4 评定体高等级。

表4 体高等级评定

单位为厘米

性别	年龄	特级	一级	二级	三级
公牛	0.5岁	/	100~105	90~100	/
	1.5岁	≥105	100~105	105~100	/
	2.5岁	≥120	110~120	110~100	/
	3.5岁	≥128	118~128	104~118	/
母牛	0.5岁	/	95~100	85~95	75~85
	1.5岁	≥105	100~105	95~100	85~95
	2.5岁	≥110	105~110	100~105	95~100
	3.5岁	≥115	105~110	100~105	95~100

7.6 综合评定

按表5以体型外貌、体重、体高3项均等权重进行综合等级评定。综合三项评定，两项为特级且第三项为一级及以上，综合评定为特级；两项为一级或特级且第三项为二级以上，除特级外，综合评定为一级；两项及以上为三级，综合评定为三级；其余情况综合评定为二级。0.5岁个体综合评级时不评特级。

表5 综合评定等级

单项等级			综合等级
特	特	特	特
特	特	一	特
特	特	二	一
特	一	一	一
特	一	二	一
一	一	一	一
一	一	二	一
特	特	三	二
特	一	三	二
特	二	二	二
特	二	三	二
一	一	三	二

单项等级			综合等级
一	二	二	二
一	二	三	二
二	二	二	二
二	二	三	二
特	三	三	三
一	三	三	三
二	三	三	三
三	三	三	三

大通牦牛

附　录　A
（资料性附录）
大通牦牛体型外貌图片

大通牦牛体型外貌见图 A.1～图 A.6。

图 A.1　大通牦牛公牛（侧面）

图 A.2　大通牦牛公牛（头部）

图 A.3　大通牦牛公牛（尾部）

图 A.4　大通牦牛母牛（侧面）

图 A.5　大通牦牛母牛（头部）

图 A.6　大通牦牛母牛（尾部）

附　录　B

（规范性附录）

大通牦牛体型外貌评分

大通牦牛体型外貌评分见表 B.1。

表 B.1　体型外貌评分

项　目	评分内容及要求	公牛		母牛	
		满分值	评分	满分值	评分
整体结构	体大而结实，各部结构匀称，结合良好。头部轮廓清晰，鼻孔开张，嘴宽大。公牛雄性明显，颈粗短，鬐甲隆起，前后躯肌肉发育良好；母牛清秀，颈长适中	30		30	
体　躯	胸围大、宽而深，背腰平直，公牛腹部紧凑，母牛腹部大、不下垂。尻长、宽	25		25	
生殖器官和乳房	公牛睾丸发育良好且匀称，包皮无多余垂皮。母牛乳房发育好，乳头分布匀称、长度适中	15		20	
肢　蹄	四肢结实。蹄圆缝紧，蹄质结实，行走有力	15		10	
被　毛	被毛呈黑褐色、丰厚、有光泽，背腰及尻部绒毛厚，裙毛密而长，尾毛密长，蓬松	15		15	
总　分		100		100	